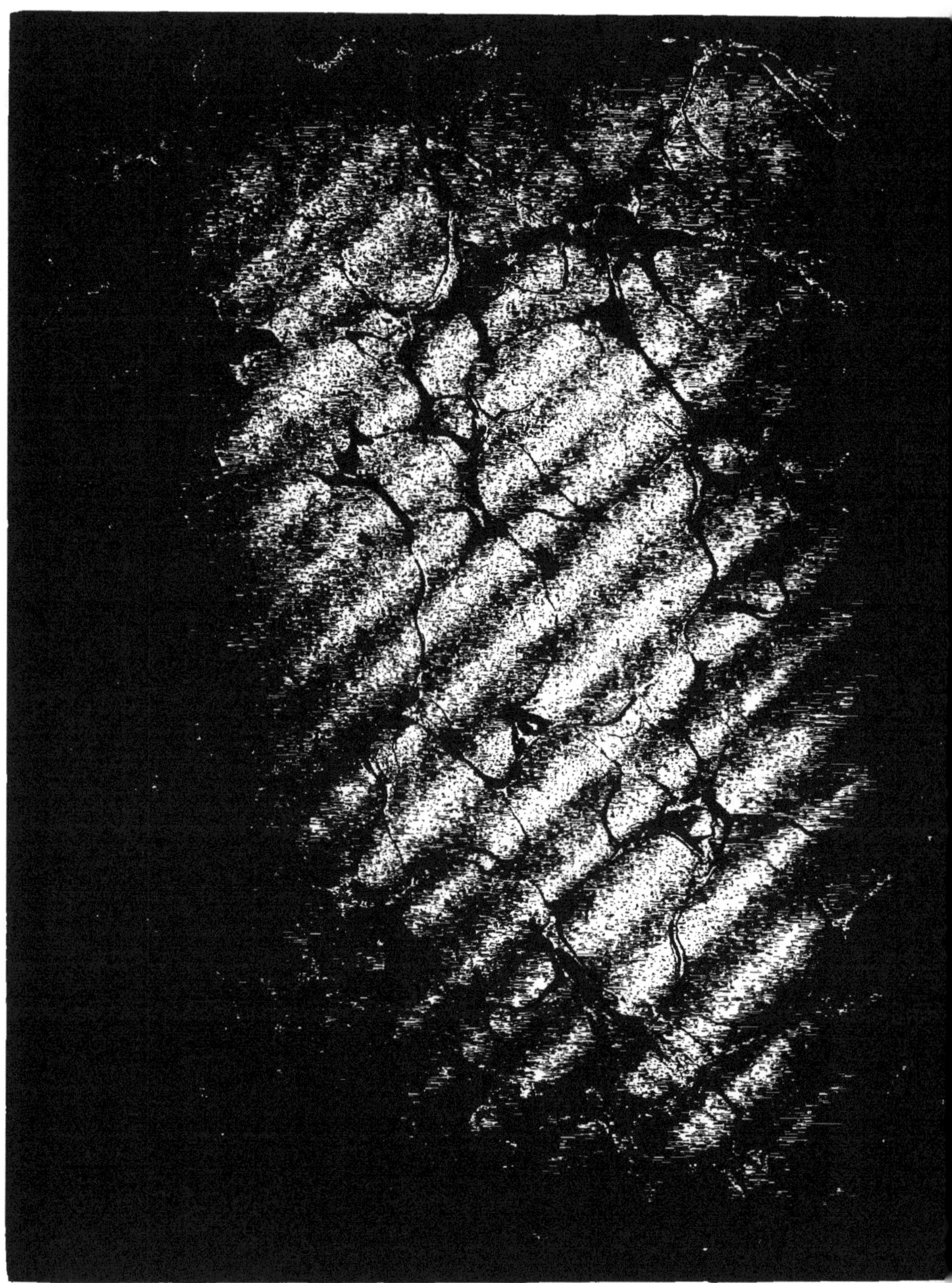

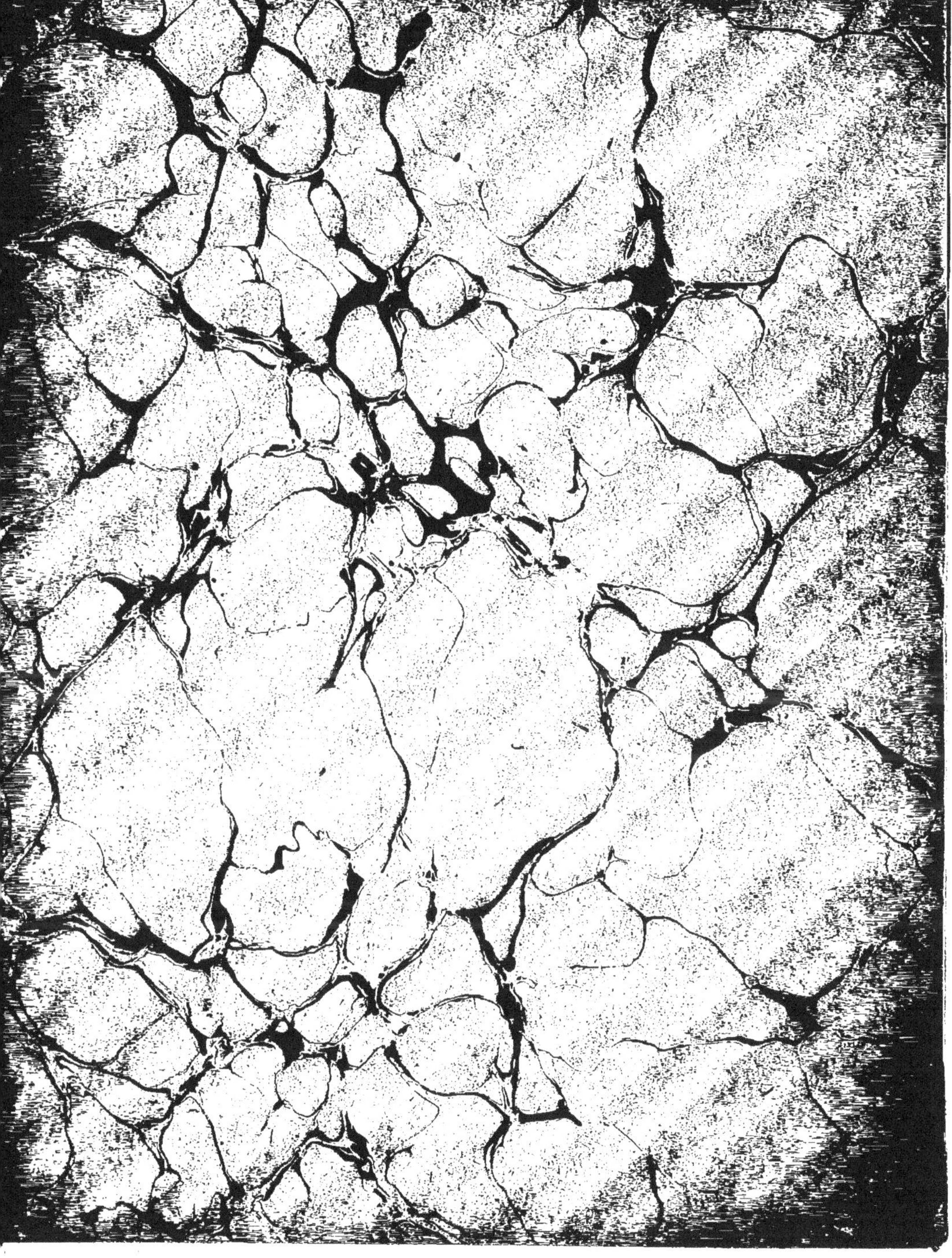

Prix : 2 fr. 50

CLASSES DE
SECONDE
A, B, C, D

CONFÉRENCES DE GÉOLOGIE

MINÉRAUX, ROCHES, TERRAINS

Par E. FAIDEAU et Aug. ROBIN

COURS COMPLET D'HISTOIRE NATURELLE

 LIBRAIRIE LAROUSSE. PARIS

COURS COMPLET D'HISTOIRE NATURELLE
A L'USAGE DES LYCÉES ET COLLÈGES

CONFÉRENCES DE GÉOLOGIE

CLASSES DE SECONDE A, B, C, D

MINÉRAUX, ROCHES, TERRAINS

AVEC 225 REPRODUCTIONS PHOTOGRAPHIQUES OU DESSINS ET 4 PLANCHES EN COULEURS; PAR

F. FAIDEAU,
PROFESSEUR DE SCIENCES NATURELLES A L'ÉCOLE JEAN-BAPTISTE SAY

AUG. ROBIN,
CORRESPONDANT DU MUSÉUM NATIONAL D'HISTOIRE NATURELLE

LIBRAIRIE LAROUSSE. — PARIS
13-17, RUE MONTPARNASSE. — SUCC^LE, 58, RUE DES ÉCOLES

COURS COMPLET D'HISTOIRE NATURELLE
CONFORME AUX PROGRAMMES DU 31 MAI 1902

PREMIER CYCLE

ZOOLOGIE ÉLÉMENTAIRE (Classes de Sixième A et B).

BOTANIQUE ÉLÉMENTAIRE (Classes de Cinquième A et B).

GÉOLOGIE ÉLÉMENTAIRE : *Phénomènes actuels* (Classes de Cinquième B et Quatrième A).

L'HOMME et les animaux utiles pour l'alimentation, le vêtement, le travail musculaire (Classe de Troisième B).

SECOND CYCLE

CONFÉRENCES DE GÉOLOGIE : *Minéraux, Roches, Terrains* (Classes de Seconde A, B, C, D).

NOTIONS D'HYGIÈNE (Classes de Philosophie A et B et de Mathématiques A et B).

En préparation :

ANATOMIE ET PHYSIOLOGIE ANIMALES ET VÉGÉTALES (Classes de Philosophie A et B et de Mathématiques A et B).

PALÉONTOLOGIE ANIMALE (Classes de Philosophie A et B et de Mathématiques A et B).

PRÉFACE

Après avoir étudié dans les classes précédentes les animaux, les plantes et les phénomènes géologiques actuels, puis l'Homme (Anatomie, Physiologie, Hygiène), nous allons entreprendre l'Histoire de notre planète, étudier les degrés successifs de son évolution, la construction de son écorce solide et le développement de la vie organique à sa surface. C'est toute l'*Histoire de la Terre,* fille du Soleil, depuis sa naissance jusqu'aux premières tentatives de l'Homme vers la civilisation. C'est l'exhumation d'un passé dont l'antiquité est incalculable et dont l'activité fut prodigieuse.

Pour exposer un tel sujet, nous avons cherché, avant tout, la clarté et l'exactitude scientifique, en évitant les longs développements. L'*illustration,* dont l'importance est considérable dans un ouvrage de cette nature, a été particulièrement soignée ; les reproductions de belles photographies non retouchées et de nombreux dessins d'une netteté parfaite permettent de suivre et de comprendre le texte.

Les *résumés* nous ont paru indispensables pour mettre en évidence ce que le texte qui les précède comporte d'*essentiel.* Mais au lieu de les composer en petits caractères et de les réunir à la fin de chaque chapitre, nous les avons multipliés en les plaçant à la fin de chaque paragraphe. Nous leur avons d'ailleurs réservé le caractère *italique* qui les différencie très nettement du texte courant. Ayant suivi le cours du professeur, il suffira donc à l'élève de *lire* nos chapitres avec attention. de vouloir les *comprendre,* puis de bien *retenir* le mot à mot des résumés. Après avoir fragmenté pour apprendre, il faut retenir pour comparer : 9 *Tableaux* donnent les vues d'ensemble nécessaires.

L'*Index alphabétique* placé à la fin du volume a été établi avec un très grand soin ; il comporte de très nombreux renvois aux paragraphes. Nous y avons consigné toutes les *étymologies* utiles.

PROGRAMMES OFFICIELS DU 31 MAI 1902

(GÉOLOGIE, 12 CONFÉRENCES D'UNE HEURE)

Revision sommaire des phénomènes actuels (paragraphes **23** à **33**); comparaison avec les phénomènes anciens (**34**).

Roches éruptives (**21, 22**); roches sédimentaires (**13, 15** à **19**), stratification (**38, 39**), fossiles (**40** à **42**).

Les temps Primaires (**46** à **67**). Principales formes animales : Brachiopodes, Articulés, premiers Vertébrés (**48** à **52**). Alluvions végétales; origine et importance de la houille (**54** à **57**).

Répartition des mers et des continents (**59** et les Systèmes Silurien, etc.). Principales roches (**58** et les Systèmes Silurien, etc.).

Les temps Secondaires (**68** à **87**). Ammonites (**71**), Bélemnites (**72**). Extension des Reptiles (**74** à **76**). Premiers Oiseaux et Mammifères (**77**). Apparition des plantes à fleurs (**78**). Répartition des terres et des mers (**80, 82, 85**). Extension des récifs de coraux (**69**). Principales roches (Voy. les Systèmes Triasique, etc.).

Les temps Tertiaires (**88** à **105**). Extension des Mammifères (**91** à **94**). Les découvertes de Cuvier dans le gypse (**95**). Les mers et les continents (Voy. les Systèmes Éocène, etc.), Climats (**88**). Formation des grandes chaînes de montagnes (**101, 102**). Principales roches (Voy. les Systèmes Éocène, etc.).

Les temps Quaternaires (**106** à **114**). Phénomènes glaciaires : leur grande extension (**113, 114**). Creusement des vallées (**111, 112**).

Apparition de l'Homme (**106, 115, 116**); Cavernes, cités lacustres (**117, 121**). Faune : Mammouth, Rhinocéros (**107** à **109**), Renne (**110**).

Phénomènes volcaniques des périodes Tertiaire et Quaternaire (**103** à **105**).

Fig. 1. — La *Chaîne alpine :* Aspect de quelques sommets du Massif du Mont-Blanc.

LE GLOBE TERRESTRE

En classes de Cinquième B et de Quatrième A, nous avons étudié les phénomènes géologiques se produisant actuellement à la surface du globe; nous y avons constaté la lutte continue des quatre éléments entre lesquels les anciens divisaient la substance du monde : le *feu* souterrain qui disloque et s'épanche, l'*air* atmosphérique qui agit par ses écarts de température, ses courants et la pluie qu'il engendre, l'*eau* qui partout réduit ou augmente le volume des continents, et la *terre* ou écorce du globe qui cède à d'incessantes érosions.

En classes de Seconde, ce sont les entrailles mêmes de la Terre que nous allons étudier; c'est l'architecture entière du globe, avec la prodigieuse variété des substances qui le constituent, et parmi lesquelles l'Homme trouve tant de matières utilisables.

Depuis longtemps d'ailleurs, l'importance de la Géologie n'est plus à démontrer. Est-il besoin de signaler son utilité en agriculture, dans la recherche des minerais, des pierres précieuses, des combustibles minéraux, et dans un grand nombre d'industries? Peut-on nier son influence dans l'existence des grandes villes? On peut au contraire assurer que si Lutèce s'est tout naturellement installée sur des îles faciles à défendre, Paris ne serait jamais sorti d'elle si le sol qui la portait n'avait pas contenu tous les matériaux nécessaires à l'établissement d'une grande cité. En effet, il n'y avait qu'à se baisser sur cette terre si riche, pour trouver la craie qui donne la chaux, l'argile avec laquelle on fait des briques, le calcaire qui fournit la pierre de construction, le gypse que la cuisson transforme en plâtre, le sable avec lequel on fabrique les vitres, le grès nécessaire au pavage, la meulière indispensable à l'établissement des fondations solides, et le gravier des alluvions pour faire le mortier. Il n'y eut qu'à transformer et à disposer convenablement tous ces matériaux sous le ciel bleu pour faire la plus belle ville du monde! Un terrain moins fécond en ressources géologiques n'aurait jamais vu naître Paris.

La variété des formations que nous venons de constater dans la région parisienne s'observe en bien d'autres lieux: partout où les mers sont revenues à plusieurs reprises, les dépôts qu'elles y ont laissés offrent des qualités différentes, et cela se produit à l'infini. C'est que les matériaux qui constituent les terrains sédimentaires résultent le plus souvent de la démolition de terrains préexistants. Depuis le temps où les premières mers ont démoli les premières roches cristallines, les eaux n'ont pas cessé de déposer et de démolir; elles n'ont pas cessé de remanier ce qu'elles avaient édifié et de multiplier les mélanges, c'est-à-dire les roches. A ce délayage universel ont collaboré non seulement les océans, mais aussi les lacs et les cours d'eau. Il en résulte qu'en quelque moment que ce soit d'une époque géologique, il s'est toujours formé en même temps une foule de dépôts différents à la surface du globe. C'est ce qui fait qu'une quantité de roches très variées se trouvant en des pays très éloignés les uns des autres peuvent appartenir exactement au même âge; le rôle du géologue est de les reconnaître et de les classer ensemble dans la série des terrains. C'est alors qu'intervient l'importance des fossiles, lesquels donnent à chaque formation un véritable caractère de monument historique.

En étudiant les phénomènes actuels, nous avons vu que le sommeil apparent de la surface du sol cache une étonnante activité qui en modifie sans cesse le dessin et le relief. Mais cela n'est rien auprès de la vie intense qui caractérise la masse entière de l'écorce terrestre; il ne s'agit plus ici d'une vie *organique,* mais d'une vie *chimique* s'exerçant d'une manière continue : la structure et la composition des roches se modifient lentement; les dépôts sédimentaires, qui débutent par l'état de vases desséchées, solidifiées, aboutissent aux schistes plus ou moins cristallins, en passant par tous les intermédiaires; cela résulte d'une foule de causes. Les conditions des profondeurs, les grandes compressions, le voisinage des manifestations éruptives, les dislocations, provoquent dans la masse des terrains des changements de texture et des échanges moléculaires; c'est pourquoi les roches les plus anciennes ressemblent si peu aux plus récentes; c'est pourquoi les terrains secondaires nous offriront des assises déjà très modifiées et que les couches primaires nous montreront des roches qui, sans les fossiles qu'elles contiennent, ne sembleraient plus être des sédiments.

En poursuivant l'étude de l'Histoire naturelle, nous ne devons pas oublier un seul instant que la vie organique ou chimique est partout, que rien ne dort, que l'Univers entier travaille : c'est la grande et admirable loi de la Nature.

Phot. de M. Aug. Robin.

Fig. 2. — Altération progressive du *sous-sol*, visible dans un chemin creux.

PREMIÈRE CONFÉRENCE

MINÉRAUX

1. **Définition de la Géologie.** — La Géologie est la science de la *structure* et de l'*histoire* de la Terre ; elle explique notamment les causes qui ont déterminé les reliefs de la surface du globe. En effet, tout ce que la nature a produit sous le ciel : gorges et vallées, circulation souterraine des eaux, marche des glaciers, dessin des côtes, éruptions volcaniques, chaînes de montagnes, est décrit par la Géographie physique ; mais c'est la Géologie qui éclaire ces phénomènes de ses lumières et en retrouve les origines. La *Géographie physique* s'occupe des formes *externes* du globe ; la *Géologie* en étudie l'anatomie *interne* et la *physiologie*. L'architecture de l'écorce terrestre et les causes qui modifient constamment cette architecture sont de son domaine. Elle nous apprend à reconnaître, d'une part, tout ce qui a une cause extérieure ; de l'autre, tout ce qui a une origine interne ; elle nous instruit aussi sur la merveilleuse collaboration de l'atmosphère et du feu central dans la construction de la partie solide de notre planète. C'est ce dont nous pourrons nous convaincre en étudiant les différents chapitres qui vont suivre.

❁ *La Géologie est la science de la structure et de l'histoire de la Terre; elle en étudie l'architecture et la physiologie; elle s'ajoute à la Géographie physique et en éclaire l'étude.*

2. **Structure du sol.** — Lorsqu'on examine la surface du sol dans les régions cultivées, on se trouve en présence de la *terre végétale*, dans laquelle s'enfoncent les racines des plantes ; dans les lieux incultes, ce sont des pierrailles de différentes grosseurs avec des matériaux poudreux et desséchés ; tout cela constitue le *sol*. Ces différents états ne donnent donc qu'une idée insuffisante de la structure du *sous-sol*, car ils ne caractérisent

qu'une épaisseur très faible. C'est ce que l'on peut facilement constater dans les chemins creux ou dans les tranchées de chemins de fer; il est alors aisé de voir que sous la terre végétale, comme sous les terres incultes, apparaissent des pierres beaucoup plus grosses, et que plus bas encore elles font place à de grandes masses plus ou moins dures, plus ou moins étendues, et quelquefois superposées en *couches;* ces couches sont toutes formées de *pierre*, et les différentes sortes de pierre ainsi disposées en grandes masses sont nommées *roches* (*fig.* 5). Or, toute l'écorce terrestre est constituée par des roches. C'est principalement au flanc des falaises qui bordent la mer et dans les parties abruptes des montagnes que l'on peut comprendre leur importance en épaisseur et leur étendue. Nous reviendrons sur ce sujet en expliquant l'origine du globe (**4** et **38**).

❀ *Les matériaux meubles de la surface du sol sont différents de ceux du sous-sol; ce dernier se présente en* couches *formées de pierre et auxquelles on donne le nom de* roches. *L'écorce terrestre est formée de roches.*

3. **Terre végétale.** — La terre végétale résulte de la démolition lente de la roche qui constitue le sous-sol. Cette démolition se produit sous l'action de l'humidité, des écarts de température et des plantes elles-mêmes. La terre végétale se compose des débris de cette roche, puis d'*humus*, ou produit de décomposition des plantes mortes, enfin d'une certaine quantité de poussières très variées apportées par le vent. Les tranchées dont nous venons de parler montrent bien de quelle manière la roche se transforme (*fig.* 2); on le comprendra aisément en observant le terrain de *bas en haut.* On remarque alors au-dessus de la roche intacte des couches dans lesquelles apparaissent des fissures qui, peu à peu, se multiplient et s'élargissent. Au-dessus, la pierre se montre en éléments séparés, puis en pierrailles disséminées dans des matériaux de plus en plus terreux. Ces pierrailles disparaissent enfin dans la partie superficielle qui supporte les végétaux (*fig.* 3). Les racines des arbres ont une action très notable dans la démolition du sous-sol, car elles remplissent le rôle de *coins* dans les fissures qu'elles peuvent atteindre.

Fig. 3. — Formation de la *terre végétale* aux dépens du terrain qu'elle recouvre.

❀ *La terre végétale résulte : 1° de l'altération progressive de la* roche *qui constitue le sous-sol, et 2° de la décomposition des* plantes. *L'altération de la roche a pour causes : l'humidité, les écarts de température et l'action des racines des végétaux.*

4. **Écorce terrestre.** — Parlant plus loin des agents qui contribuent à la démolition superficielle du sol, nous allons étudier ici les minéraux essentiels qui composent les roches les plus répandues. Auparavant, il est important de dire que la Terre est formée d'une partie centrale dont la température très élevée maintient toutes les roches à l'état de *fusion*, ou *feu central* (**37** et *fig.* 4). Ce centre incandescent est entouré d'une

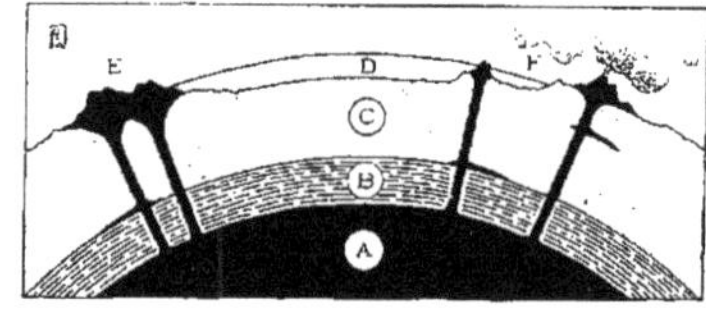

Fig. 4. — Coupe de l'*Écorce terrestre.*

A, milieu en fusion ou feu central; B, zone de première consolidation; C, terrain sédimentaire; D, océan; E, F, injections éruptives anciennes et modernes.

Fig. 5. — Escarpement montrant la *roche* disposée en couches.

croûte ou écorce *solide,* dont l'épaisseur est très faible si on la compare à l'importance de la partie en fusion; elle est proportionnellement beaucoup moins épaisse que l'est la pelure d'une orange comparée à la partie comestible de ce fruit. L'écorce terrestre s'est d'abord formée par le refroidissement et le durcissement des matières minérales liquides qui composaient dans le principe la totalité de notre globe. Ce refroidissement a donné naissance à des *roches cristallines* qui sont allées s'épaississant en profondeur. De nombreuses injections *éruptives* ont ensuite traversé cette première écorce dans tous les sens. Enfin, des dépôts très étendus et très épais se sont plus tard produits au fond des mers et ont ainsi formé à la surface du globe des roches très différentes, appelées roches *sédimentaires.*

❁ *Le centre de la Terre est occupé par des substances minérales en fusion, appelées* feu central. *L'écorce terrestre, qui est due au* refroidissement *partiel de ce milieu en fusion, est traversée par des injections éruptives, et recouverte de dépôts sédimentaires.*

5. **Roches et minéraux.** — Toutes les grandes masses de pierre qui composent l'écorce terrestre sont donc des *roches;* les roches sont composées de *minéraux* qui s'en différencient très nettement. Les roches, qui seront décrites au cours de la *Deuxième Conférence,* sont généralement composées de plusieurs éléments groupés, enchevêtrés entre eux, et dont on peut obtenir le triage, la séparation, par des moyens divers. Ensuite, elles ne peuvent pas être divisées en espèces, car elles comprennent un nombre prodigieux de variétés qui passent insensiblement de l'une à l'autre, ce qui en rend la classification très difficile; enfin, le volume énorme occupé par la plupart d'entre elles doit être rappelé ici. Les *minéraux,* au contraire, représentent des *combinaisons chimiques* dans lesquelles les différents corps simples qui entrent dans leur composition sont absolument indiscernables, même à l'aide du microscope; l'analyse chimique seule révèle l'existence de ces corps simples. Les minéraux sont généralement peu volumineux et presque jamais en grandes masses; ils présentent le plus souvent une forme cristalline qui leur est propre et se classent en familles, genres et espèces, comme les animaux et les plantes.

❁ *Les* roches *sont formées d'un ou de plusieurs minéraux séparables; leurs variétés passent de l'une à l'autre. Les* minéraux *sont des combinaisons chimiques de corps simples; ils sont souvent cristallisés et classables en familles, genres et espèces.*

6. **Caractères des minéraux.** — Les minéraux entrent d'abord dans la composition de toutes les roches cristallines; ils se présentent encore dans le sol de différentes manières. On les rencontre souvent à l'intérieur de *géodes,* c'est-à-dire de pierres creuses ou de cavités

Fig. 6.
Intérieur d'une *géode*.

tapissées de cristaux (*fig.* 6). On les trouve aussi disséminés en grand nombre dans les roches *métamorphiques*, c'est-à-dire qui ont subi l'action mécanique des mouvements de l'écorce terrestre, ou bien dans celles qui ont éprouvé l'influence chimique des éruptions volcaniques. Les minéraux existent en masses considérables dans les *filons,* lesquels résultent du remplissage des fractures du sous-sol. Les minéraux sont formés d'un corps simple, ou d'une combinaison de plusieurs corps simples; ceux qui contiennent de l'eau à l'état de combinaison sont dits *hydratés*. Chaque espèce minérale est caractérisée par sa composition, sa dureté, son poids spécifique; on trouvera ces caractères indiqués dans les *Tableaux-résumés* des Minéraux et des Roches. La dureté se calcule de **1** à **10**, le chiffre **1** représentant les minéraux les plus tendres (kaolin) et le chiffre **10** désignant le plus dur (diamant). En parlant, par exemple, du kaolin ou terre à porcelaine, qui représente une combinaison de silice, d'alumine et d'eau, nous dirons : kaolin, silicate hydraté d'alumine; dureté, **1**; poids spécifique, 2,2.

✿ *Les minéraux sont formés d'un ou de plusieurs* corps simples *combinés. Chaque espèce minérale est caractérisée par sa composition, sa dureté, son poids spécifique.*

7. **Silice.** — Nous commencerons par une espèce minérale très répandue, le *Quartz* ou Cristal de roche, formé de Silice ou composé oxygéné de silicium. On le rencontre dans la nature à l'état incolore et transparent, souvent cristallisé, ou *Quartz hyalin* (*fig.* 7 et 8); ces cristaux ont été très recherchés dans les Alpes par les montagnards, qui vendent les gros à l'industrie et les petits aux touristes; ils les trouvent dans les roches granitoïdes (**21**). La silice existe encore en masses blanc de lait, ou *Quartz de filon;* et en poudre, ou *Sable siliceux;* etc. Les cristaux groupés sont formés de prismes à six pans, terminés par une pyramide à six faces; les cristaux isolés portent une pyramide à chacune de leurs extrémités. Exceptionnellement, le quartz cristallisé se trouve avec une couleur de fumée (Quartz enfumé), ou violet (Améthyste), ou bien impur et brun ou noir (Silex ou pierre à fusil, **14**).

Également formée de silice, la *Calcédoine* comprend un certain nombre de variétés amorphes, c'est-à-dire non cristallisées, mais remarquables par la beauté de leur coloration; on la rencontre rouge (Cornaline), verte avec petites taches rouges (Jaspe sanguin), curieusement rubanée (Agate, *fig.* 9). Cette

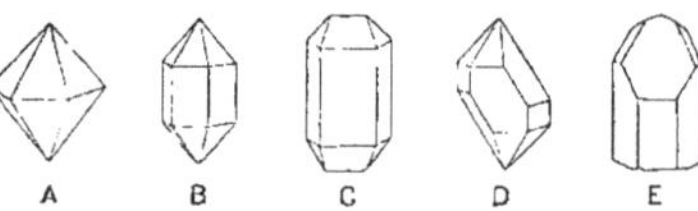

Fig. 7. — Différentes formes cristallines du *Quartz*.

Fig. 8.
Quartz hyalin en bouquet.

Fig. 9. — *Agate* très zonée.

dernière pierre offre un très grand nombre de variétés fort belles que l'industrie polit et transforme en camées ou autres objets d'art. Le *Bois silicifié*, parfois si bien conservé, doit être rapproché des agates.

Le quartz, dont la dureté est grande, fait feu au briquet; il raye le verre et presque tous les minéraux; le quartz hyalin se taille et se polit, notamment pour l'optique.

❀ *Le* Quartz *ou* Cristal de roche *est formé de silice pure ; sa cristallisation est un prisme à six pans avec pyramide à six faces. Il est souvent coloré par des matières étrangères ; tels sont : l'*Améthyste, *qui est violette ; l'*Agate, *qui est rubanée ; et le* Silex, *plus ou moins impur.*

8. **Silicates.** — Les Silicates sont des sels de silice ; les plus répandus sont : Mica, Feldspath, Amphibole, Pyroxène et Péridot. Le *Mica* est un silicate hydraté d'alumine et de potasse ou de magnésie ; il se présente en lamelles minces et brillantes, blanches ou noires. On le remarque en fines paillettes dans la composition des roches granitoïdes (*fig.* 25), ou bien en grandes lames empilées (*fig.* 10). C'est avec le mica blanc que l'on assure la fermeture transparente et incombustible de certains poêles ou cheminées mobiles. Le *Feldspath*, de teinte souvent blanche ou rose, est un silicate d'alumine et d'une base ; il entre dans la composition de presque toutes les roches éruptives ; on peut signaler ici le *Kaolin* ou terre à porcelaine, qui résulte de la décomposition naturelle du feldspath et représente une argile très pure. Ces différents minéraux sont des silicates d'alumine.

L'amphibole et le pyroxène sont des silicates de chaux magnésiens. L'*Amphibole* figure à l'état d'éléments vert foncé dans certaines roches ; son altération naturelle peut donner naissance à l'*Amiante*, fibreuse et incombustible. Le *Pyroxène* est particulier aux roches volcaniques, dans la pâte desquelles il apparaît en cristaux d'un noir brillant ; il est ainsi très commun dans certaines laves de l'Auvergne. Le *Péridot*, qui est un silicate de magnésie, se trouve dans les mêmes roches ; sa teinte est vert olive, ses cristaux souvent translucides (voir *fig.* 11, A, B, C, D). Les silicates sont extrêmement répandus dans la nature et comprennent un très grand nombre d'espèces et de variétés.

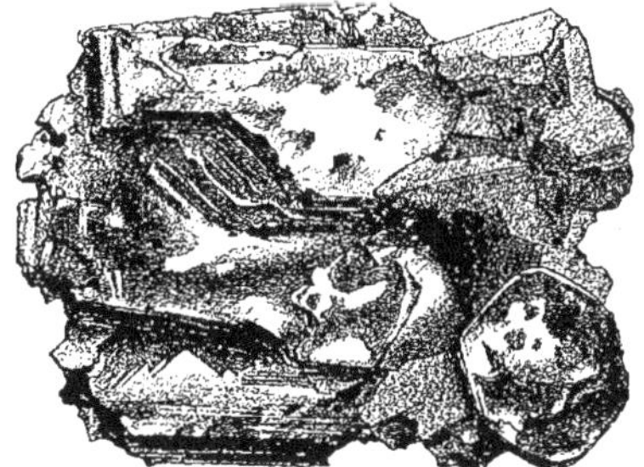
Fig. 10. — *Mica* en grandes lames empilées.

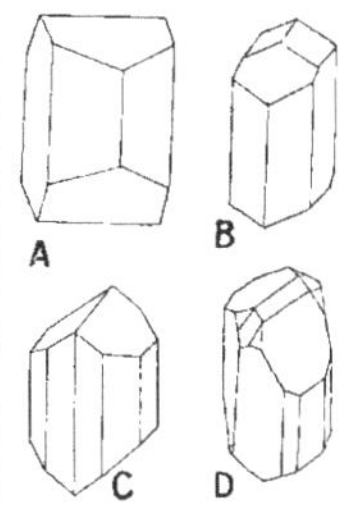

Fig. 11. — *Silicates :* A, Feldspath ; B, Amphibole ; C, Pyroxène ; D, Péridot.

❀ *Les Silicates sont des sels de silice. Le* Mica *se présente en paillettes brillantes, blanches ou noires. Le* Feldspath *est blanc ou rose ; sa décomposition donne le Kaolin ou terre à porcelaine. L'*Amphibole *est vert foncé ; son altération produit l'Amiante. Le* Pyroxène *et le* Péridot *appartiennent aux roches volcaniques.*

9. **Calcite, Gypse, Diamant.** — Si les minéraux feldspathiques sont les plus abondants dans les roches éruptives, ce sont les calcaires qui dominent dans la composition des roches sédimentaires. On reconnaît les calcaires à l'effervescence qu'ils produisent au contact des acides (**13**). L'espèce minérale Calcaire est la *Calcite* ou carbonate de chaux. La Calcite n'est absolument pure que dans la variété dite *Spath d'Islande*, qui cristallise en beaux rhomboèdres et permet, grâce à sa transparence parfaite, de constater un phénomène de double réfraction ; il suffit pour s'en as-

Fig. 12. — *Spath d'Islande* montrant la double réfraction.

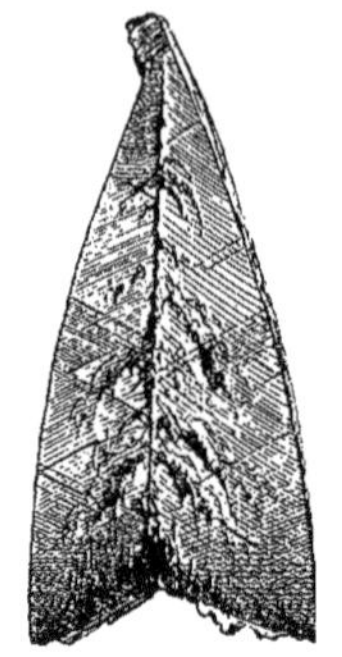

Fig. 13. Gypse *fer de lance*.

surer de tracer une ligne noire sur une feuille de papier blanc; cette ligne vue à travers un cristal de calcite apparaîtra double (*fig.* 12).

Fig. 14. Gypse limpide.

Les veines blanches des marbres et les stalactites des grottes sont formées de calcite.

Le *Gypse* ou sulfate hydraté de chaux, que nous étudierons plus loin comme roche (**19**), figure parmi les minéraux en grands cristaux lenticulaires, souvent jaunâtres; c'est la section du groupement de deux cristaux lenticulaires qui produit le *fer de lance* (*fig.* 13 et 14).

Citons ici les beaux cristaux cubiques du *Sel gemme* ou chlorure de sodium (*fig.* 15); on les trouve en certaines parties du sel gemme roche, dont nous parlerons plus loin (**19** et **81**).

Certains minéraux sont combustibles; ils sont formés de carbone. Le carbone pur cristallisé est le *Diamant* (*fig.* 16), qui est le plus dur des corps connus; il coupe le verre et ne peut être taillé que par un autre diamant; mais alors que les autres charbons naturels brûlent et se consument dans l'air atmosphérique, le diamant ne brûle que dans le gaz oxygène pur. Le prix de ce minéral est très élevé; on l'exploite activement dans l'Afrique australe (Colonie du Cap).

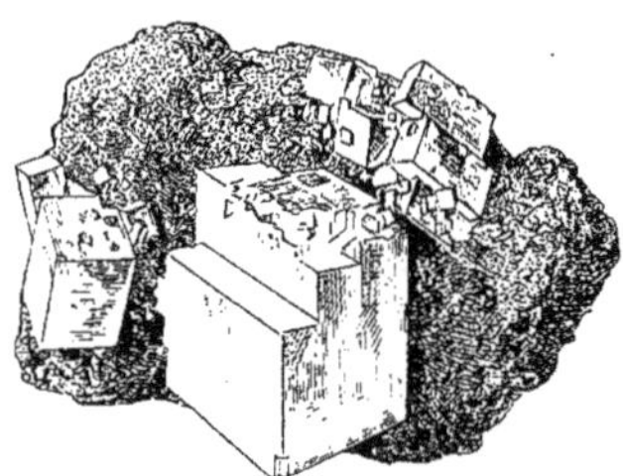

Fig. 15. — Cristaux de *Sel gemme*.

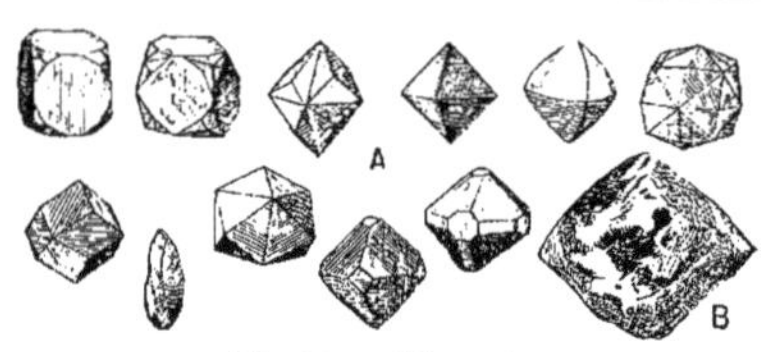

Fig. 16. — *Diamant* :
A, formes cristallines; B, cristal sortant de la gangue.

⁂ *On reconnaît les* Calcaires *à l'effervescence qu'ils produisent au contact des acides. La* Calcite *dite* Spath *d'Islande est un calcaire très pur. Le* Gypse *ou sulfate hydraté de chaux cristallise souvent en groupements de grosses lentilles. Le* Sel gemme *est un chlorure de sodium. Le* Diamant *est formé de carbone pur; c'est le plus dur des corps connus.*

10. Minerais : Fer, Cuivre. — On donne généralement le nom de *minerais* aux roches qui contiennent un métal pur ou *natif*, ou aux minéraux dans la combinaison desquels entre un métal. Cependant, ce nom est également appliqué aux substances exploitables non métallifères et desquelles on peut extraire avec bénéfice un autre corps, comme le *Soufre* par exemple. Nous ne signalerons que les minerais métallifères.

Le *Fer* est le plus utile des métaux; on le trouve à l'état natif ou bien à l'état d'élément dans certaines combinaisons minérales. Le fer natif a été recueilli en gros blocs dans le Groenland. Les oxydes de fer sont la Limonite de l'est de la France, l'Oligiste (*fig.* 17) qui existe en si grande quantité dans l'île d'Elbe, et la Magnétite, très répandue en Scandinavie. L'oxyde de fer mélangé à la houille est réduit dans des hauts fourneaux que l'on ne laisse jamais s'éteindre. On recueille le fer à intervalles réguliers, à l'état de fonte liquide; on en transforme la plus grande partie en acier. Le carbonate de fer

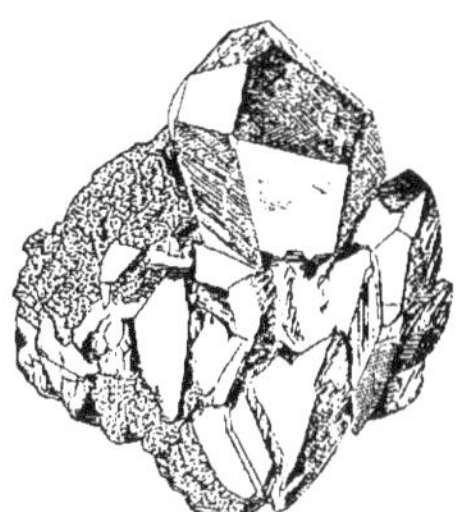
Fig. 17. — *Fer* oligiste.

Fig. 18. — *Pyrite* cubique.

Fig. 19. — *Pyrite* dodécaédrique.

est la Sidérose, commune dans les terrains houillers. Enfin, le sulfure est la Pyrite, que l'on trouve en cristaux cubiques (*fig.* 18) ou dodécaédriques (*fig.* 19) d'un jaune brillant; une variété plus pâle est la Marcassite, dont la structure est radiée. Les Pyrites servent à fabriquer l'acide sulfurique.

Le *Cuivre* se rencontre comme le fer à l'état natif (Lac Supérieur des États-Unis) et à l'état de combinaisons. L'oxyde de cuivre est la Cuprite, du Cornouailles ou de Sibérie; les carbonates sont la jolie Azurite bleue de Chessy (Rhône) et la belle Malachite verte de l'Oural. Le sulfure est la Chalcopyrite ou pyrite de cuivre, assez répandue dans divers pays.

❀ *Les minerais sont des substances contenant un métal* natif *ou une* combinaison *métallifère exploitable. Le métal le plus utile est le* Fer (*Limonite, Oligiste, Magnétite, Sidérose, Pyrite*). *Le* Cuivre *existe dans la Cuprite, l'Azurite, la Malachite et la Chalcopyrite.*

Fig. 20. — *Cassitérite.*

Fig. 21. — *Blende.*

Fig. 22. — *Galène.*

11. Autres minerais. — L'*étain* se trouve à l'état d'oxyde : c'est la Cassitérite (*fig.* 20), dispersée dans le Massif-Central français.

Le *Zinc* se rencontre à l'état de silicate ou Calamine, extraite depuis fort longtemps des mines du Laurium (Grèce) et de la Vieille-Montagne (Belgique); le sulfure de zinc est la Blende (*fig.* 21), principalement exploitée à Ammeberg (Suède).

Le *Plomb* natif est fort rare; le minerai le plus commun est le sulfure ou Galène (*fig.* 22), de Linares et de Carthagène (Espagne), de Przibram (Bohême), de Freiberg (Allemagne).

Le *Nickel* est extrait à l'état d'oxyde ou Nouméite, en Nouvelle-Calédonie.

L'*Antimoine* est exploité sous forme de sulfure ou Stibine à Mercœur (Haute-Loire), puis à Méria (Corse) et en Hongrie.

Le *Manganèse* se rencontre surtout à l'état d'oxydes variés : Psilomélane, Acerdèse. Le gisement principal de France est celui de Romanèche (Saône-et-Loire).

Fig. 23. — Alluvions *aurifères*, en Bolivie.

Le *Mercure* se trouve à l'état natif sous forme de gouttelettes liquides dans les gisements de Cinabre ou sulfure de mercure que l'on extrait à Almaden (Espagne), et dans le Palatinat (Allemagne).

Le *Platine* existe à l'état natif, mais souvent impur; il est peu répandu et généralement mélangé à d'autres métaux rares.

L'*Or* se rencontre à l'état natif dans certains filons de quartz; l'or des alluvions (*fig.* 23) a la même origine, car il provient de filons détruits par les eaux. Les principaux gisements sont ceux de Californie et de Pensylvanie (États-Unis), Guyane française, Australie, Afrique du Sud. Au Transvaal, la roche aurifère est un conglomérat formé de galets de quartz avec ciment siliceux; l'or est localisé dans le ciment; on l'obtient en broyant la roche.

L'*Argent* se trouve natif, ou bien à l'état de sulfures, en Norvège, Sardaigne, Hongrie.

❀ *On exploite différents minerais d'Étain (Cassitérite), de Zinc (Calamine, Blende), de Plomb (Galène), de Nickel (Nouméïte), d'Antimoine (Stibine), de Manganèse, de Mercure (Cinabre), de Platine, d'Or et d'Argent.*

1. — TABLEAU-RÉSUMÉ DES MINÉRAUX.

ESPÈCES.	COMPOSITION.	COULEUR.	DURETÉ.	POIDS SPÉCIFIQUE MOYEN.	CARACTÈRES PRINCIPAUX.
QUARTZ	Silice	Blanc ou incolore	7 (Rayent le verre, font feu au briquet.)	2.7	Opaque ou transparent.
AMÉTHYSTE	Silice	Violet	7	2,6	Généralem^t transparente.
SILEX	Silice	Blond ou noir	7	2.6	Opaque.
AGATE	Silice	Variable	7	2,6	Translucide.
MICAS blanc	Silicate hydraté d'alumine et potasse	Blanc ou noir	2.7 à 3,2	2,9	Paillettes à éclat metallique.
MICAS noir	Silicate hydraté d'alumine et magnésie				
FELDSPATH	Silicate d'alumine et d'une base	Blanc ou rose	6	2.56	
KAOLIN	Silicate hydraté d'alumine	Blanc	1	2.2	Se pétrit avec l'eau.
AMPHIBOLE	Silicate de chaux magnésien	Vert très foncé	5.5	3,2	
AMIANTE	Silicate hydraté de chaux et de magnésie	Blanc	5.5	.....	Fibreuse, incombustible.
PYROXÈNE	Silicate de chaux magnésien	Noir	6	3,4	
PÉRIDOT	Silicate de magnésie	Vert olive	6.5 à 7	3.3	
CALCITE	Carbonate de chaux	Incolore ou variab^le	3	2,72	Opaque ou transparente.
GYPSE	Sulfate hydraté de chaux	Jaunâtre ou incolo^re	1.5 à 2	2,32	Translucide ou transparent.
DIAMANT	Carbone pur	Incolore	10	3,5	Transparent.

Phot. de M. Aug. Robin.

Fig. 24. — Surface mamelonnée d'un banc de *Grès*, à Orsay (Seine-et-Oise).

DEUXIÈME CONFÉRENCE

ROCHES

12. **Roches simples ou composées.** — Les Roches peuvent être formées d'une seule espèce minérale : ce sont, dans ce cas, des roches *simples;* mais elles sont ordinairement constituées par plusieurs minéraux et sont alors des roches *composées*. C'est ainsi que le Grès siliceux, dans lequel on taille les pavés, n'est composé que d'une seule espèce minérale, qui est la silice ou quartz : c'est une roche simple. D'autre part, le Granite, employé pour faire les bordures de trottoirs, est constitué par trois minéraux, qui sont la *silice* ou quartz, le *mica* et le *feldspath :* c'est une roche composée. Examinons un morceau de *Granite* fraîchement brisé (*fig.* 25); ce qui paraît dominer dans sa structure est un minéral sans éclat, blanc chez certaines variétés et rose chez d'autres : c'est le *feldspath*. En outre, l'œil est attiré par des lamelles noires très brillantes : c'est le *mica*. Enfin, çà et là, nous remarquons des petites masses vitreuses, incolores, presque transparentes : c'est

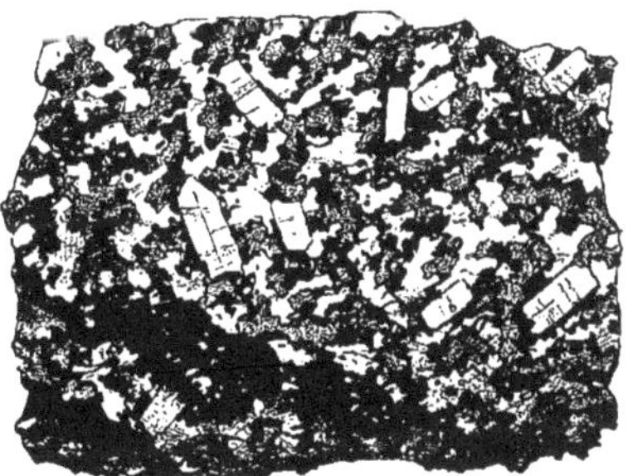
Fig. 25. — Fragment de *Granite*.

le *quartz*. Ces trois minéraux sont cristallins et intimement serrés les uns contre les autres, et si serrés, que le polissage du granite donne une surface absolument compacte.

Nous allons maintenant étudier les principales roches *sédimentaires* et *éruptives* ainsi que les roches *cristallophylliennes* (**20**).

Les roches sédimentaires se différencient par leur composition minérale, leur dureté, leur structure, leurs caractères chimiques; nous verrons que certaines roches se décomposent par la chaleur, et que d'autres font effervescence au contact des acides.

❁ *Les roches* simples *sont formées d'une seule espèce minérale, comme le* Grès *siliceux; les roches* composées *sont formées de plusieurs minéraux, comme le* Granite, *qui comprend des éléments de quartz, de mica et de feldspath serrés entre eux.*

13. **Examen de la Craie.** — Avant d'étudier les principales roches dans l'ordre que nous venons d'indiquer, il est bon d'examiner deux corps minéraux très *différents :* leurs caractères opposés nous feront mieux comprendre la manière dont on doit s'y prendre pour chercher à déterminer les pierres. Si nous visitons une carrière en Champagne, ou si nous faisons une excursion au pied des belles falaises qui constituent les rivages du département de la Seine-Inférieure (*fig.* **162**), nous avons toutes chances de trouver une roche parfaitement blanche se présentant sur une grande épaisseur et sur une très grande étendue. A nos pieds, nous en trouvons des morceaux (*fig.* 26); au premier coup d'œil nous constatons que la cassure de cette roche est mate et irrégulière, que le grain en est extrêmement fin, que nous pouvons la rayer avec l'ongle et qu'elle blanchit les doigts; si nous avions un tableau noir à la portée de notre main, nous pourrions y tracer en blanc des lignes, des chiffres ou des lettres, car c'est dans cette roche que l'on taille les petits bâtons blancs qui servent à écrire au tableau. De plus, notre échantillon se brise facilement, et si nous y versons quelques gouttes de vinaigre ou d'acide acétique, et mieux encore d'acide chlorhydrique, il se produira immédiatement un bouillonnement que l'on appelle *effervescence*. L'effervescence caractérise les calcaires en général, et les différents caractères que nous venons d'énumérer sont ceux de la craie; notre roche blanche est donc de la *Craie*.

Fig. 26. — Fragment de *craie blanche* contenant des rognons de *silex*.

Après avoir écrasé la craie sous des meules, on en fabrique le blanc d'Espagne. Certaines variétés fournissent le ciment hydraulique.

❁ *Les caractères de la* Craie *sont : cassure mate et irrégulière, grain très fin, rayable à l'ongle, blanchit les doigts, traçante au tableau noir, effervescente au contact des acides.*

14. **Examen du Silex.** — Cherchons encore à nos pieds, dans la même carrière : voici une pierre dure en forme de rognon irrégulier; sa surface est blanche, parce qu'elle sort de la craie (*fig.* 26). Brisons-la, soit avec un marteau, soit avec un autre rognon semblable : nous produirons une cassure noire qu'il est important d'examiner. Cette cassure est luisante, la substance est tout à fait compacte et l'ongle n'y produit aucune rayure. La pointe de notre couteau de poche ne peut pas non plus l'entamer, cependant elle laisse une trace brillante; or, si nous mouillons cette trace, elle sera rouge de rouille en moins de 24 heures, car c'est l'acier de notre couteau qui est resté sur la pierre, plus dure que lui. En outre, cette pierre raye facilement le verre.

Brisons-la vigoureusement à plusieurs reprises, nous remarquerons sur les surfaces de cassures un caractère particulier : c'est une petite bosse sur l'une des faces, correspondant à un creux sur l'autre; l'une est d'ailleurs l'exacte contre-partie de l'autre; c'est ce qu'on appelle la cassure *conchoïdale* ou en forme de *coquille*. Maintenant fermons notre couteau et frappons une des arêtes de notre pierre avec le dos de la lame : il se produira des étincelles; ces étincelles sont formées par des petites parcelles d'acier arrachées à notre couteau par l'arête de la pierre et que la violence du choc a échauffées jusqu'à l'incandescence. Les briquets avec lesquels les fumeurs allument leur pipe en plein vent se composent d'une lame d'acier, d'un fragment de pierre semblable à celui que nous étudions, et d'un morceau d'amadou qui s'allume au contact des premières étincelles. Ajoutons que les acides ne produisent ici aucune effervescence. Tous ces caractères réunis sont ceux des pierres formées de silice, et notamment du silex; notre pierre noire est un *Silex*. On l'emploie généralement à l'empierrement des routes.

❀ *Les caractères du* Silex *sont : cassure luisante, conchoïdale et compacte, non rayable au canif, fait feu au briquet, non effervescent. Le Silex est de la silice impure.*

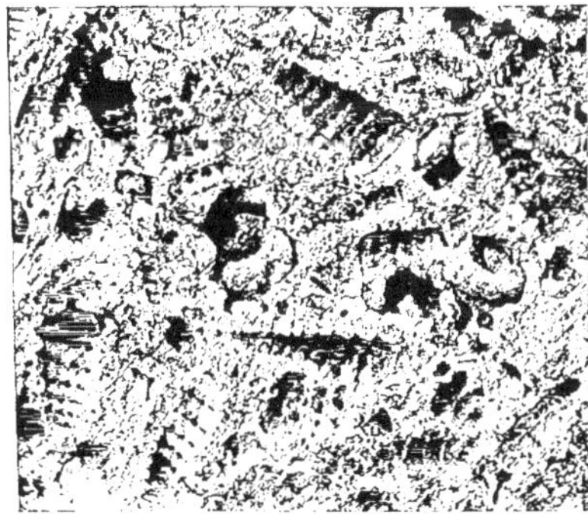

Fig. 27. — *Calcaire grossier*, avec nombreuses empreintes de coquilles *fossiles*.

Fig. 28. — Exploitation du *Calcaire grossier* aux environs de Paris.

15. **Calcaires grossiers.** — Après ces deux exemples, nous allons dire quelques mots des autres roches calcaires; nous avons vu la craie, examinons une autre pierre. Celle-ci est constamment employée comme pierre de construction, notamment à Paris. Sa couleur est d'un blanc jaunâtre, sa cassure très irrégulière, son grain très grossier. Sa substance représente l'agglomération de fragments d'organismes brisés, de sorte qu'elle n'est pas toujours parfaitement compacte. Cette roche est en outre plus dure que la craie, car l'ongle ne peut l'entamer; pour la même raison elle ne pourrait rien tracer au tableau noir; mais elle se laisse rayer par un couteau. Elle fait effervescence aux acides comme tous les calcaires. Cette pierre est souvent criblée de trous dont la forme correspond à celle de différents coquillages (*fig.* 27), et ce sont en effet des empreintes de mollusques fossiles, qui indiquent bien qu'elle a été formée au fond des eaux, et plus exactement au fond de la mer; notre échantillon est du *Calcaire grossier*.

Le Calcaire grossier est exploité comme pierre de construction aux environs de Paris dans une foule de carrières (*fig.* 28). Cette grande ville est sortie d'abord du sous-sol qui la porte; puis elle n'a pas cessé de s'agrandir avec les pierres extraites en Seine, Seine-et-Oise et Oise. Les *Catacombes* de Paris sont des anciennes carrières souterraines de Calcaire grossier.

Signalons ici les calcaires *Oolithique* et *Pisolithique*, formés chacun de petits grains sphériques agglutinés. La cuisson des calcaires donne la chaux qui sert à fabriquer le mortier.

❀ *Les caractères du* Calcaire grossier *sont : cassure irrégulière, grain très grossier, non rayable à l'ongle, rayable au canif, effervescent, souvent criblé d'empreintes de coquilles fossiles.*

16. **Marbres, Calcaire lithographique.** — La couleur des *Marbres* est extrêmement variée, mais la structure est toujours cristalline, de sorte que si l'on brise un morceau de marbre blanc, la cassure ressemble à celle du sucre : on dit alors que la cassure est *saccharoïde*. La compacité est parfaite et permet d'obtenir les plus beaux polis; la dureté est faible et le moindre canif peut rayer le marbre profondément. L'effervescence au contact de l'acide est très vive. Les marbres unis sont peu recherchés, sauf le beau marbre blanc de Carrare (Italie), employé par les statuaires; mais les variétés veinées (*fig.* 29) sont très

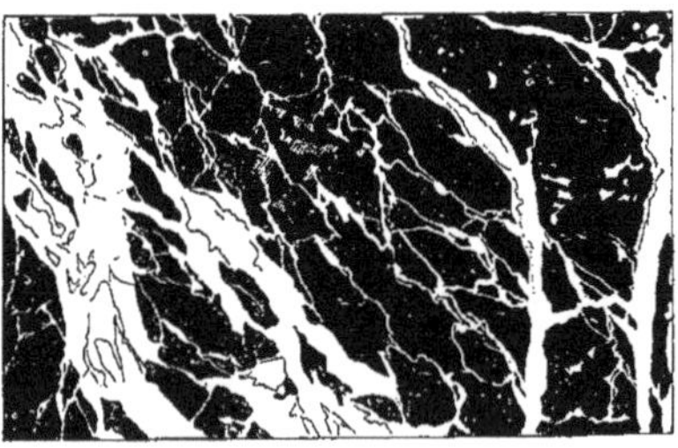

Fig. 29. — *Marbre* noir veiné.

Fig. 30. — Pierre *lithographique* prête à être mordue par l'acide.

exploitées lorsque leur teinte est belle. Citons le *Griotte* et le *Campan* des Pyrénées, exploités pour la décoration.

Le *Calcaire lithographique* est reconnaissable à l'extrême finesse de son grain, à sa compacité parfaite, à sa teinte jaunâtre; sa cassure est conchoïdale, mais avec un dessin parfois assez compliqué. L'emploi du *Calcaire lithographique* en gravure s'explique par la propriété qu'ont les calcaires de se décomposer au contact des acides. Sur une surface plane, l'artiste dessine à l'aide d'un crayon gras (*fig.* 30); on attaque ensuite la pierre avec un acide, et dès que l'opération est terminée, on constate que toutes les parties qui ont été protégées par le crayon sont nettement en relief. On se trouve alors en présence d'un cliché qu'il suffit d'enduire d'encre pour tirer du dessin lithographique autant d'épreuves qu'on en désire.

❀ *Les caractères du* Marbre *sont : structure saccharoïde et compacte, polissable, rayable au canif, effervescent. Les marbres sont généralement de teintes variées. Les caractères du* Calcaire lithographique *sont : cassure conchoïdale, grain très fin, compacité parfaite, rayable au canif, effervescent.*

17. **Argile, Marne, Schiste.** — L'*Argile*, ordinairement grise, est très douce au toucher; sa cassure est irrégulière, sa pâte extrêmement fine, sa compacité parfaite. Sa du-

Fig. 31. — Exploitation par étages de l'*Argile plastique*, aux environs de Paris.

reté est très faible, car elle se raye à l'ongle plus aisément encore que la craie. Ensuite elle happe à la langue, elle semble s'y coller en produisant une sensation de sécheresse ; enfin, mélangée à l'eau, elle s'amollit, se pétrit, elle est malléable. Lorsqu'elle est exposée au soleil, elle perd une partie de son eau, diminue de volume et se fendille. L'Argile est en effet un silicate hydraté d'alumine, comme le kaolin. Par la cuisson elle acquiert une grande dureté; on l'exploite par étages (*fig.* 31), et on en fabrique des briques, tuiles et poteries. Il existe des argiles qui sont naturellement mélangées d'une certaine quantité de calcaire : c'est alors de la *Marne;* cette marne joint à tous les caractères de l'argile la propriété de faire effervescence au contact des acides comme les calcaires; elle est ainsi aisément reconnaissable. C'est en chauffant les Marnes que l'on fabrique le *ciment.*

Lorsque l'argile a subi dans l'écorce terrestre de grandes pressions, elle devient noire et sa cassure est très particulière. En brisant cette roche, on s'aperçoit qu'elle se fend plutôt qu'elle ne se brise : c'est ce que veut dire le nom de *Schiste* qui lui a été donné. L'industrie exploite activement les variétés les plus fendables, sous le nom d'*Ardoise* (61 et *fig.* 109). Le grain de cette roche a souvent un aspect cristallin, mais elle n'est que partiellement cristalline; la dureté n'est pas très grande, car les surfaces de cassure se rayent au couteau.

❀ *Les caractères de l'*Argile *sont : douce au toucher, cassure irrégulière, pâte très fine et compacte, facilement rayable à l'ongle, happe à la langue, se pétrit avec l'eau. La* Marne *est une argile mélangée de calcaire et effervescente. Les caractères du* Schiste *sont : structure feuilletée partiellement cristalline; plus ou moins fendable, rayable au canif.*

18. Sable, Grès, Meulière. — Le *Sable* est une poudre fine de silice. Cette poudre est blanche lorsqu'elle est pure, mais elle est souvent jaunâtre ou rougeâtre; elle dépolit le verre. Sur nos côtes, le sable résulte ordinairement de la pulvérisation par la mer des roches siliceuses du rivage. Le *Grès* est du sable également siliceux dont tous les grains ont été collés entre eux, agglomérés, par un corps minéral venu à l'état dissous et qui peut être la silice ou le calcaire (*fig.* 24 et 186). Le

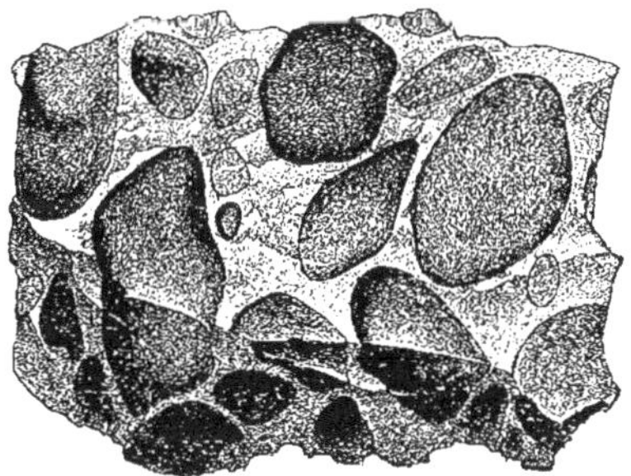

Fig. 32. — Fragment de *Conglomérat.*

grès à ciment siliceux est très dur, raye le verre et fait feu au briquet comme le silex. Lorsque des galets ou cailloux roulés ont été agglomérés avec le sable, la roche qui en résulte est un *Poudingue* ou *Conglomérat* (*fig.* 32).

Le Sable blanc est principalement utilisé dans la verrerie pour la fabrication des bouteilles, vitres, glaces. Le grès est activement exploité pour le pavage des rues.

La *Meulière* est siliceuse, trouée, caverneuse (*fig.* 34), de teinte jaunâtre ou rougeâtre. Dans les parties compactes, sa cassure ressemble à celle du silex; elle est fort dure, raye le verre et fait feu au briquet comme toutes les roches siliceuses. On l'appelle Meulière parce qu'elle sert à faire des meules pour moudre le grain (*fig.* 33). Mais c'est surtout pour les constructions solides que la Meulière est employée, car, lorsqu'on la maçonne, le mortier ou le ciment pénètrent dans tous les trous qu'elle présente et font corps avec elle.

❀ *Le* Sable *est de la silice en poudre. Si des eaux contenant de la silice dissoute pénètrent le sable, celui-ci s'agglutine et se transforme en* Grès *non rayable au canif et faisant feu au briquet. Les caractères de la* Meulière *sont : structure caverneuse, non rayable au canif, faisant feu au briquet.*

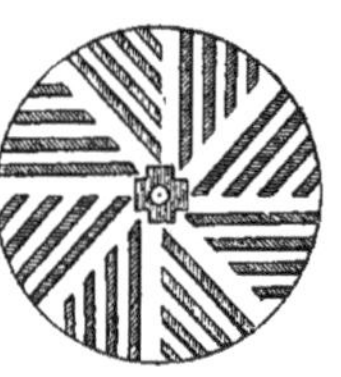

Fig. 33. — *Meule* en pierre meulière.

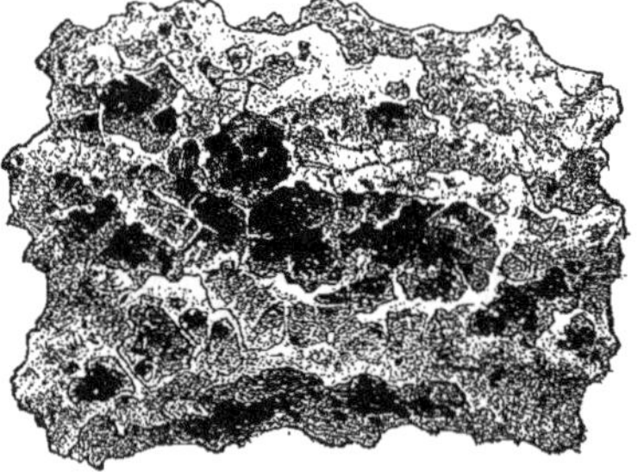

Fig. 34. — Fragment de *Meulière* caverneuse.

19. **Houille, Tourbe, Gypse.** — La *Houille* ou *charbon de terre* offre des variétés nombreuses. Sa couleur est noire; sa cassure donne des petites surfaces planes très brillantes (*fig.* 35); sa dureté est faible, cependant l'ongle ne peut rayer que les variétés grasses. La houille noircit les doigts et se brise très facilement. C'est un excellent combustible (**54** à **57**). Le *Lignite* est une sorte de houille ligneuse très incomplètement carbonisée.

La *Tourbe* est de teinte brun noirâtre; sa structure est fibreuse. Elle résulte de la carbonisation sous l'eau, et par conséquent à l'abri de l'air, de divers végétaux, notamment de mousses. Elle se forme actuellement dans les marais. La carbonisation de ces mousses est lente et se produit de bas en haut.

Le *Gypse* ou *pierre à plâtre* (*fig.* 37) est une roche de teinte blanc jaunâtre et dont la cassure est irrégulière, avec une structure cristalline et saccharoïde comme le marbre blanc de Carrare (**16**). Mais aucune effervescence n'apparaît au contact des acides; il se raye facilement à l'ongle et se brise sans grand effort au marteau. Le Gypse est un sulfate de chaux hydraté, c'est-à-dire contenant de l'eau à l'état de combinaison chimique. Pour fabriquer le plâtre, il faut retirer cette eau; dans ce but, on le chauffe dans des fours spéciaux (*fig.* 36). Desséché par le four et refroidi, brisons-le: il est blanc, sa structure n'est plus cristalline, il est friable; c'est du plâtre, que des meules vont écraser.

Signalons ici le *Sel gemme*, ou chlorure de

Fig. 35. — Fragment de *Houille*.

sodium, vitreux, incolore, roche exploitée dans l'est de la France (81).

❀ *Les caractères de la* Houille *sont : cassure facile à petites surfaces planes, couleur noir brillant. Le* Lignite *est ligneux, et la* Tourbe *fibreuse. Les caractères du* Gypse *sont : cassure irrégulière, saccharoïde, rayable à l'ongle. En perdant, sous l'influence de la chaleur, son eau, il donne le* plâtre.

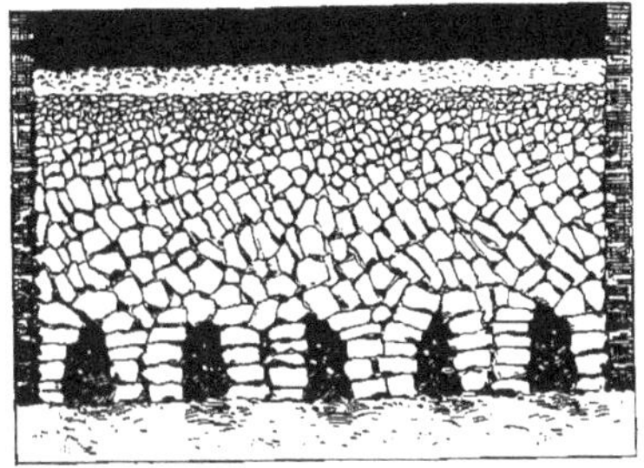

Fig. 36. — Disposition d'un *four à plâtre.*

Fig. 37.— Une carrière de *Gypse* aux environs de Paris.

II. — TABLEAU-RÉSUMÉ DES ROCHES SÉDIMENTAIRES.

	TYPES.	COMPOSITION.	COULEUR.	DURETÉ.	CARACTÈRES PRINCIPAUX.	USAGES.
Calcaires.	CRAIE	Carbonate de chaux.	Blanc.	Se raye à l'ongle.	Effervescents. Grain tr. fin.	Chaux.
	CALCAIRE GROSSIER.	Carbonate de chaux.	Blanc jaunâtre.	Se raye au canif.	Gr. grossier.	Construction.
	MARBRE	Carbonate de chaux cristallin.	Variable.	Se raye au canif.	Structure saccharoïde.	Décoration.
	CALCAIRE LITHque	Carbonate de chaux.	Jaunâtre.	Se raye au canif.	Grain fr. fin.	Gravure.
Argileux.	ARGILE	Silicate hydraté d'alumine.	Variable.	Se raye à l'ongle.	Se pétrit av. l'eau.	Briques.
	MARNE	Argile calcarifère.	Variable.	Se raye à l'ongle.	Effervescente, se pétrit.	Ciment.
	SCHISTE		Gris très foncé.	Se raye au canif.	Se divise en feuillets.	Couverture.
Siliceux.	SABLE	Silice.	Blanc ou jaune.	Dépolit le verre.	Structure poudreuse.	Verrerie.
	GRÈS	Sable aggloméré.	Blanc grisâtre.	Raye le verre.	Str. granuleuse.	Pavage.
	MEULIÈRE	Silice impure.	Jaunâtre ou rougeâtre.	Raye le verre.	Str. caverneuse.	Fondations.
Combles.	HOUILLE	Carbone : 85 %.	Noir brillant.	Se raye au canif.	Se brise en surfaces planes.	Chauffage.
	LIGNITE	Carbone : 65 %.	Brun foncé.	Se raye à l'ongle.	Struct. ligneuse.	Chauffage.
	TOURBE	Carbone : 59 %.	Brun foncé.	Se raye à l'ongle.	Struct. fibreuse.	Chauffage.
	GYPSE	Sulfate hydraté de chaux.	Blanc jaunâtre.	Se raye à l'ongle.	Structure saccharoïde.	Plâtre.
	SEL GEMME	Chlorure de sodium.	Incolore.	Se raye à l'ongle.	Soluble dans l'eau.	Alimentation.

Indiquons ici que la dureté de l'*ongle* est de 3; celle du *verre* 5, et celle de l'*acier du canif* 6.

20. Roches éruptives et cristallophylliennes. — Comme nous l'avons dit plus haut (**4**), les roches cristallines éruptives se sont injectées à travers l'écorce terrestre à la manière des laves volcaniques (*fig.* 4). Les roches éruptives, contrairement aux roches sédimentaires, ne sont pas stratifiées : elles se présentent en grandes masses venues à peu près verticalement des profondeurs et se sont souvent épanchées en coulées ; elles ne contiennent naturellement aucun fossile et leur structure est cristalline. On connaît un très grand nombre de roches éruptives, et leur étude est très compliquée. Nous ne citerons ici que les types *granitoïde* et *porphyroïde*.

Auparavant nous dirons un mot de roches *cristallophylliennes* dont l'origine est probablement sédimentaire, mais dont un type ressemble au granite. La loupe confirme l'impression de notre premier coup d'œil : le feldspath et le mica s'y trouvent enchevêtrés, et avec un peu d'attention nous distinguons le quartz ; mais sa structure rappelle celle des schistes : elle est constituée par des feuillets souvent un peu confus et la cassure se produit de préférence dans le sens de ces feuillets ; cette roche est du *Gneiss* (*fig.* 38). Un autre type cristallin est plus finement feuilleté : c'est le *Micaschiste*, essentiellement composé de mica et d'un peu de quartz. C'est une roche très brillante, particulièrement jolie lorsqu'elle est formée de mica blanc. Le Gneiss et le Micaschiste sont répandus en France dans les mêmes régions que le granite (**21**).

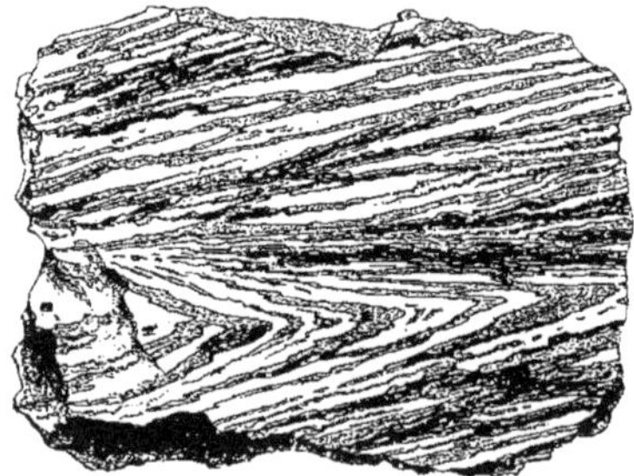

Fig. 38. — Fragment de *Gneiss.*

✿ *Les roches cristallines sont généralement* éruptives ; *mais les roches dites* cristallophylliennes *sont probablement sédimentaires ; elles montrent une tendance à se diviser en* feuillets *comme le schiste. Tels sont le* Gneiss, *à structure granitoïde, et le* Micaschiste, *presque entièrement formé de mica.*

21. Roches granitoïdes. — A la description déjà faite du *Granite* (**12** et *fig.* 25), nous ajouterons un détail : le quartz du granite est disposé en petites masses sinueuses et enveloppantes ; rappelons que son mica est noir. Dans la *Granulite*, roche au moins aussi répandue, le quartz se présente en grains isolés avec une tendance à la forme cristallisée ; en outre, on reconnaît dans cette roche la présence des deux micas, blanc et noir. En France, ces roches constituent le sol de plusieurs vastes régions dans le Cotentin, la Bretagne, le Morvan, le Massif-Central, la Corse (*fig.* 40), etc. Elles sont exploitées comme pierres de construction et aussi pour l'empierrement des routes ; les variétés à grands cristaux de feldspath sont parfois employées dans la décoration. La *Pegmatite* est une granulite à très gros éléments ; de larges lamelles empilées de mica blanc ou noir sont incrustées parmi les gros cristaux de quartz et de feldspath (*fig.* 39). La *Diorite* présente une structure analogue à celle des granites, mais n'est composée que de deux minéraux essentiels, qui sont le feldspath et l'amphibole.

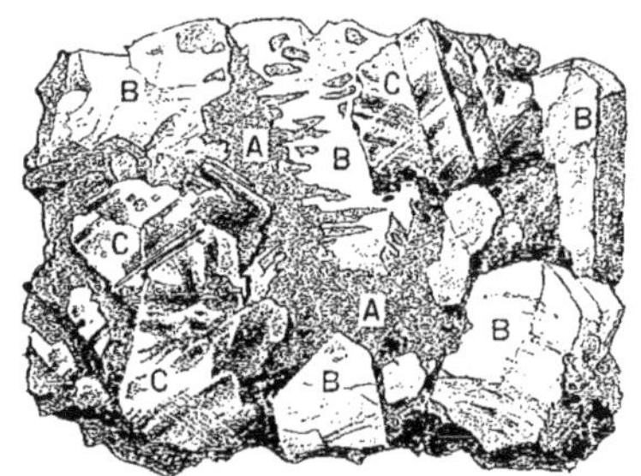

Fig. 39. — Fragment de *Pegmatite* : A, Quartz ; B, Feldspath ; C, Mica.

Phot. de M. Aug. Robin.

Fig. 40. — Paysage *granulitique* : les Calenques de Piana (Corse).

✿ *Les types* granitoïdes *sont le* Granite *et la* Granulite, *composés de quartz, mica et feldspath et ne différant entre eux que par l'arrangement des éléments. La* Pegmatite *est une granulite à éléments très gros. La* Diorite *a l'aspect du granit, mais ne se compose que de feldspath et d'amphibole.*

22. **Roches porphyroïdes.** — Si nous prenons un morceau de *Porphyre*, nous remarquons tout de suite son caractère principal : c'est sa compacité ; ses éléments minéraux, feldspath et quartz, ne sont pas enchevêtrés comme ceux des types précédents ; ils sont disséminés et noyés dans une pâte feldspathique sombre, dure et très compacte (*fig.* 41) ; c'est une roche lourde, résistante, fréquemment exploitée pour l'empierrement des routes. Certaines variétés ont été employées de tout temps pour leur beauté ; tels sont le *Porphyre rouge antique* d'Égypte et le *Porphyre vert antique* de Grèce ; ces deux roches, si merveilleusement belles lorsqu'elles sont polies, ont été très largement employées pour la décoration des monuments de l'antiquité et du moyen âge. Les roches éruptives qu'il nous reste maintenant à signaler sont

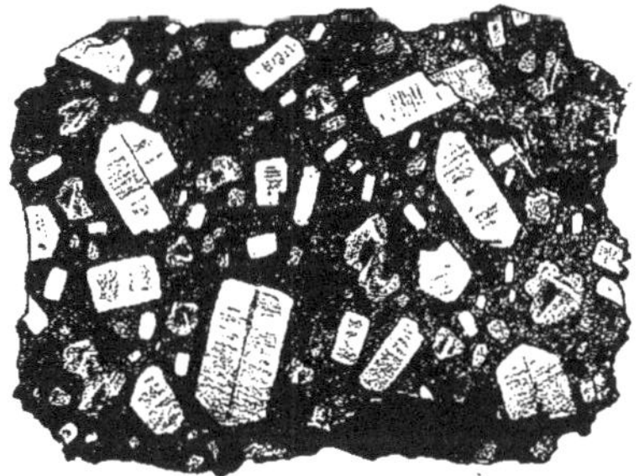

Fig. 41. — Fragment de *Porphyre*.

Fig. 42. — Colonnades *basaltiques* de la Chaussée des Géants, à Antrim (Irlande).

plus récentes; elles sont abondantes dans les déjections de nos volcans du Massif-Central où elles forment de grandes coulées de laves (**103** à **105**). Tel est le *Trachyte*, qui est rugueux, formé d'une pâte feldspathique parsemée de cristaux de feldspath et qui constitue la masse du Puy de Sancy (*fig.* 193). Le *Basalte* est noir, compact, dur et lourd; il est composé d'une pâte également feldspathique avec cristaux de pyroxène et de péridot. Les coulées de basalte forment parfois de belles colonnades prismatiques dues au refroidissement brusque de la lave liquide dans les points où elle a rencontré les eaux d'une rivière ou de la mer; c'est ainsi que l'on en observe dans certaines vallées de notre Massif-Central : vallée de la Borne (*fig.* 192); vallée du Lignon (Vivarais), etc.; et en Grande-Bretagne : Iles Hébrides, Irlande septentrionale (*fig.* 42).

✿ *Alors que la structure* granitoïde *montre des éléments cristallins* serrés *les uns contre les autres*, *la structure* porphyroïde *montre des cristaux disséminés et* noyés *dans une pâte compacte. Tels sont le Porphyre, le Trachyte et le Basalte; cette roche forme parfois de belles* colonnades *prismatiques.*

III. — TABLEAU-RÉSUMÉ DES ROCHES CRISTALLINES.

<table>
<tr><th>TYPES.</th><th>COMPOSITION ESSENTIELLE.</th><th>DENSITÉ MOYENNE.</th><th colspan="2">CARACTÈRES PRINCIPAUX.</th><th>USAGES.</th></tr>
<tr><td colspan="6">ROCHES ÉRUPTIVES :</td></tr>
<tr><td>GRANITE</td><td>Quartz en masses sinueuses et enveloppantes, mica noir et feldspath</td><td>2,69</td><td rowspan="4">Structure granitoïde.</td><td rowspan="4">Éléments serrés les uns contre les autres.</td><td rowspan="4">Construction, décoration ou empierrement des routes.</td></tr>
<tr><td>GRANULITE</td><td>Quartz en grains isolés à tendance cristalline, micas blanc et noir et feldspath</td><td>2,69</td></tr>
<tr><td>PEGMATITE</td><td>Très gros éléments de quartz, mica et feldspath</td><td></td></tr>
<tr><td>DIORITE</td><td>Feldspath et amphibole</td><td>2,95</td></tr>
<tr><td>PORPHYRE</td><td>Feldspath et quartz dans une pâte feldspathique</td><td>2,78</td><td rowspan="3">Structure porphyroïde.</td><td rowspan="3">Éléments noyés dans une pâte.</td><td rowspan="3">Empierrement ou construction.</td></tr>
<tr><td>TRACHYTE</td><td>Feldspath dans une pâte feldspatique</td><td>2,75</td></tr>
<tr><td>BASALTE</td><td>Pyroxène et péridot dans une pâte feldspathique</td><td>2,94</td></tr>
<tr><td colspan="6">ROCHES CRISTALLOPHYLLIENNES :</td></tr>
<tr><td>GNEISS</td><td>Quartz, feldspath, mica en paillettes parallèles</td><td></td><td colspan="2" rowspan="2">Structure feuilletée</td><td rowspan="2">Dalles, couv^{re} des maisons.</td></tr>
<tr><td>MICASCHISTE</td><td>Mica (presque totalement) et quartz</td><td></td></tr>
</table>

Phot. de M. G. Nollet.

Fig. 43.— Aspect des *dunes maritimes* de Berck-sur-Mer (Pas-de-Calais).

TROISIÈME CONFÉRENCE

PHÉNOMÈNES ACTUELS

23. **Atmosphère.** — Avant d'étudier les terrains, nous allons jeter un coup d'œil très rapide sur les phénomènes géologiques qui se produisent *actuellement* à la surface de la Terre. Ils nous permettront d'aborder les phénomènes anciens avec plus de fruit, car c'est la connaissance du présent qui nous fera comprendre le passé.

L'*air* qui constitue la masse atmosphérique est transparent et invisible; il est formé d'oxygène, indispensable à la respiration des animaux; indispensable aussi, avec l'acide carbonique, à la vie des plantes. L'air est encore formé d'azote, puis de vapeur d'eau dont l'excès donne naissance aux nuages.

Les *vents* résultent du déplacement de grandes masses d'air de températures différentes; les plus connus sont les *alizés*, qui soufflent de l'équateur vers les pôles, et les *contre-alizés*, qui suivent la direction contraire. Lorsque les vents prennent une allure tourbillonnaire, ils peuvent engendrer les terribles cyclones et les trombes. Le vent soulève tous les matériaux légers et sans cohésion; c'est ainsi qu'il soulève le sable des plages; il l'accumule sur les bords de la mer et dans les déserts sous forme de *dunes*. Poussées par les vents de mer, les dunes se multiplient et menacent les terres (*fig.* 43 et 44).

Lorsque l'air manque de vapeur d'eau,

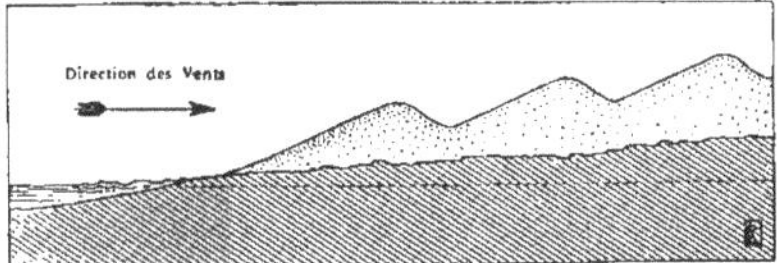

Fig. 44. — Formation des *dunes maritimes*.

parce que les vents ne lui en apportent pas suffisamment, la pluie ne se produit plus. Privé d'humidité, le sol perd sa végétation et sa cohésion; il devient un *désert*. Les *oueds* sont les fleuves desséchés de ces régions désolées; les *chotts* en sont les lacs évaporés. Seules de rares sources y entretiennent quelques *oasis* de dattiers.

❀ *Les vents sont des déplacements de masses d'air de températures différentes. En soulevant le sable des plages, ils édifient les dunes. Privé de vapeur d'eau, l'air dessèche le sol et produit les* déserts, *où de rares sources entretiennent quelques oasis.*

Fig. 45. *Pyramide d'érosion* à Saint-Gervais (Haute-Savoie).

24. **Eau sauvage.** — Le refroidissement de la température atmosphérique provoque la condensation des nuages: c'est-à-dire la *pluie;* c'est ce qui se produit lorsque les nuages s'élèvent. La pluie ravine tous les terrains meubles ou peu résistants; les grosses pierres plates dénudées servent parfois de parapluies à certaines portions de terrain et ménagent ainsi de grandes colonnes naturelles, appelées pyramides d'érosion (*fig.* 45). L'eau des pluies ruisselle à la surface des terrains *imperméables;* elle ronge les terrains calcaires et leur donne des aspects de ruines; elle entraîne les sables et dénude les blocs de grès ou de granite qu'ils contiennent; ceux-ci s'empilent et forment des chaos.

Les eaux d'orage qui se précipitent dans l'ornière d'un chemin incliné représentent en petit un *torrent* de montagne. Au point où un torrent atteint la vallée, il dépose ses matériaux et forme ainsi un cône de déjection. Dans les montagnes où l'homme a eu l'imprudence de détruire les forêts, les pluies emportent la terre végétale et multiplient les torrents: c'est la misère et la dévastation. On peut obtenir l'extinction des torrents par des barrages (*fig.* 46) et par le *reboisement* des montagnes.

❀ *Le refroidissement de la température de l'air provoque la condensation des nuages: c'est la* pluie, *qui ravine, ronge et dénude les terrains. La réunion des eaux de ruissellement produit les* torrents *de montagnes; le déboisement les multiplie et ruine le sol.*

Phot. de M. Ch. Kuss.

Fig. 46. — *Correction* du lit d'un torrent.

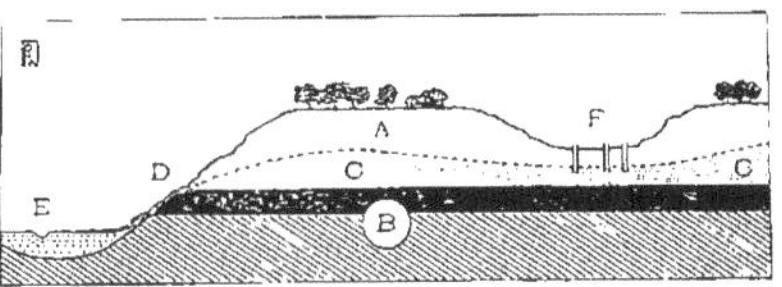

Fig. 47. — Disposition d'une *nappe aquifère*.

A, couche perméable ; B, couche imperméable sur laquelle se sont arrêtées les eaux d'infiltration qui constituent la nappe aquifère C C ; D, source dont les eaux vont alimenter le cours d'eau E ; F, vallée sèche avec puits.

25. **Eau souterraine.** — Dans les terrains *perméables* ou fissurés, les eaux de pluie s'infiltrent. En traversant le sous-sol, le gaz acide carbonique qu'elles contiennent leur permet de dissoudre les roches calcaires. A la rencontre d'une couche imperméable, ces eaux s'arrêtent et forment une *nappe aquifère* dans les terrains sableux (*fig.* 47) ou bien un *niveau aquifère* dans les roches fissurées.

En rongeant les cassures des terrains calcaires, les eaux d'infiltration les élargissent et creusent des vides, *gouffres* (*fig.* 48) ou *grottes*, dans lesquels elles alimentent des rivières souterraines. Les gouffres communiquent généralement avec les grottes; les plus profonds sont : l'Aven Armand (Lozère), 207 m.; l'Abîme de Rabanel (Hérault), 212 m.; le Chourun-Martin (Hautes-Alpes), 310 m.

Phot. de M. E.-A. Martel.

Fig. 48. — Un *gouffre* du départt des Hautes-Alpes.

Les grottes (*fig.* 49) sont formées de longs couloirs qui peuvent constituer plusieurs étages, réunis entre eux par des puits verticaux. Les principales grottes de France sont : celles de Padirac (Lot) et celle de Dargilan (Lozère); cette dernière est la plus belle. En déposant sur les parois des grottes le calcaire qu'elles ont dissous dans leur trajet, les eaux donnent naissance aux stalactites et aux stalagmites. Les *sources* constituent la réapparition au jour des eaux de pluie retenues momentanément par l'infiltration; elles coïncident toujours avec l'affleurement d'une couche imperméable qui a empêché les eaux de descendre plus profondément. Les nappes peuvent ne donner que des suintements, mais les niveaux fournissent souvent des eaux très abondantes.

❀ *L'eau de pluie s'infiltre dans les terrains perméables ou fissurés : elle se réunit en* nappes *sur les couches imperméables. Elle creuse dans les terrains calcaires des* gouffres *et des* grottes *et réapparaît au jour sous forme de* sources.

Phot. de M. Lasson.

Fig. 49. — La grotte de Dargilan.

Fig. 50. — Confluent de trois *glaciers* et de leurs *moraines*, dans le massif du Mont-Blanc.

26. **Eau solide.** — La *neige* se substitue à la pluie dès que la température est inférieure à 0°; c'est le cas dans les hautes altitudes. Dans les montagnes, le dégel et le regel répétés de la neige provoquent la démolition des sommets; les pierres s'en détachent continuellement et forment à leur base de grands cônes d'éboulis.

En Europe, au-dessus de 2800 ou 3000 mètres, la neige persiste; cristalline et poudreuse d'abord, elle se transforme en *glace* en passant par l'état de *névé* et donne naissance aux *glaciers* (*fig.* 50) qui s'épanchent vers les vallées. Grâce à la pente de leur lit et à la poussée des neiges d'en haut, les glaciers marchent comme les autres cours d'eau, mais plus lentement. Ils creusent ainsi leur vallée; ils la mordent à l'aide des pierres qui sont prises entre leur masse et le fond de leur lit; ils rasent peu à peu les massifs montagneux et diminuent à mesure que s'abaisse leur altitude.

Les pierres transportées à la surface du glacier sont peu à peu rejetées sur les rives et y forment de longs amas, ou *moraines* latérales; au confluent de deux glaciers, il se forme une moraine médiane (*fig.* 50). Les *crevasses* sont des déchirures et les *séracs* des chaos de glace qui se produisent sur les dénivellations du lit. Les eaux de fusion qui s'écoulent sous les glaciers forment à leur extrémité inférieure des *sources* glaciaires (*fig.* 51).

Les glaciers polaires s'épanchent largement dans la mer; ils sont remarquables par leur immense étendue; les banquises sont dues à la congélation des eaux de la mer.

✿ *La neige qui tombe sur les hautes montagnes s'y accumule et donne naissance aux* glaciers *qui s'épanchent dans les vallées. Les glaciers rongent et abaissent les montagnes; leurs eaux de* fusion *forment, à leur extrémité inférieure, les* sources glaciaires.

Fig. 51. — *Source glaciaire* de l'Arveyron (Hte-Savoie).

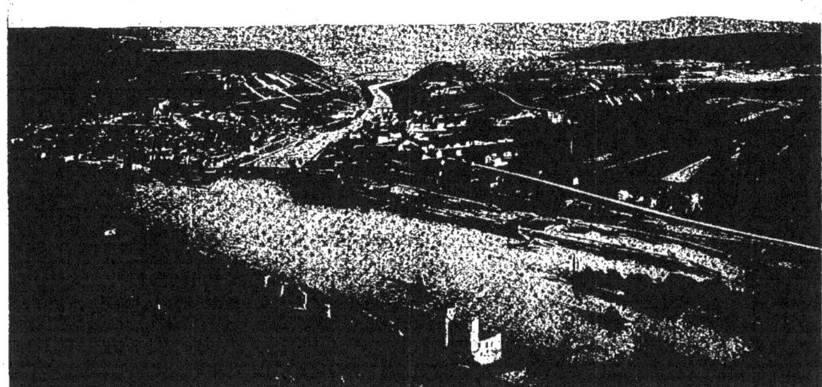

Phot. Mertens.

Fig. 52. — Les *Vallées* du Rhin et de son affluent la Nahe, à Bingen (Allemagne).

27. Cours d'eau. — Les cours d'eau sont groupés en *bassins hydrographiques;* on appelle ainsi la région dont tout le ruissellement, toutes les sources et toutes les rivières concentrent leurs eaux vers le lit d'un fleuve qui se jette à la mer. La vitesse des eaux est très variable; elle résulte de la pente du lit. Les rivières calmes occupent de larges *vallées* (*fig.* 52), les rivières torrentielles creusent des *cañons* (*fig.* 53), et les torrents des *gorges* étroites et profondes. Les dénivellations brusques du lit des cours d'eau produisent les *chutes;* le seuil rocheux qui les porte cède à l'érosion et recule vers l'amont.

Les cours d'eau tranquilles occupent des vallées larges grâce au déplacement lent et constant de leurs courbes ou méandres; ce déplacement résulte de l'affouillement continu des rives concaves et de l'alluvionnement progressif des rives convexes. Avec le temps, les eaux agissent ainsi sur toute la surface du fond de la vallée (**112**).

Les *alluvions* sont les sables, graviers et cailloux charriés et déposés par les rivières. En s'arrêtant contre la masse des eaux de la mer, les cours d'eau précipitent leurs alluvions et comblent leur estuaire, large écartement des rives qui précède l'embouchure. Devant cette dernière, il peut se former aussi un dépôt en forme d'éventail ou *delta.*

✿ *Un fleuve et le réseau de tous ses tributaires constituent un* bassin hydrographique. *Les rivières calmes occupent des* vallées larges *sur le fond desquelles elles déplacent leurs méandres. A leur embouchure, les cours d'eau forment un* estuaire *ou un* delta.

Fig. 53. — Le *Cañon* du Tarn (Lozère).

28. Mer. — La mer est agitée par les marées et les courants. Les *marées* se produisent deux fois en 24 heures 50 minutes ; elles sont dues à l'influence de la Lune. Quand l'influence du Soleil s'y ajoute, elle donne lieu aux grandes marées. Les *courants* marins sont dus aux différences de température des eaux ; les uns vont de l'équateur vers les pôles, les autres marchent en sens contraire ; on peut les comparer aux vents.

En rongeant l'espace parcouru chaque jour par les marées, la mer aplanit une zone parallèle au rivage ou plateforme littorale. Les *falaises* sont des parois à pic dues à la démolition de la côte par les attaques de la mer (*fig.* 54, 73 et **152**) ; les flots y sculptent des aiguilles (*fig.* 55 et 162), des arches et des grottes. La mer brise et roule ce qu'elle a démoli ; elle accumule ainsi des levées de galets et des plages de sable. Les cordons littoraux sont des levées de sable ou de galets édifiées par la mer à une certaine distance des rivages et souvent à l'entrée des baies. Les *lagunes* sont des étendues d'eau ainsi resserrées entre les cordons littoraux et l'ancien rivage.

Phot. de M. F. Faideau.

Fig. 54. — Effondrement à la base d'une *falaise* calcaire.

Fig. 55. — La Demoiselle de Fontenailles (Calvados).

Sur le fond des mers se forment des dépôts dont les uns résultent de la démolition des rivages et les autres de l'accumulation de débris animaux et végétaux ; ce sont les *sédiments*, que leur émersion pourra transformer en roches sédimentaires (**38** et **39**).

❀ *La mer est agitée par les* marées *et les* courants. *Ses vagues démolissent et sculptent les rivages (falaises, aiguilles) ; ou bien y accumulent des dépôts (sables, galets). Des matériaux plus fins se déposent sur le fond.*

29. **Organismes.** — Les Coraux appartiennent au groupe des polypes coloniaux et sont associés sur de grandes étendues. Ils peuvent fixer le calcaire dissous dans la mer et construire d'immenses *récifs* qui bordent les côtes (*fig.* 57). Les récifs frangeants bordent les rivages, les récifs-barrières se trouvent plus loin et servent de brise-lames aux premiers. Les îles coralliennes ou *atolls* sont des anneaux émergés entourant l'eau restée à l'intérieur ou *lagon* (*fig.* 56).

Comme nous l'avons dit dans le paragraphe précédent, les organismes morts forment des sédiments de grande importance ; ce sont des vases dans lesquelles dominent généralement les débris d'une certaine catégorie d'animaux microscopiques ; ce sont notamment les boues à Globigernies, ou à Biloculines, ou à Radiolaires, etc. Cette dernière est siliceuse; on la rencontre jusqu'à 8 000 mètres de profondeur.

La *tourbe* résulte de la carbonisation des mousses que la présence de l'eau met à l'abri de l'air. La tourbe compacte contient 65 pour 100 de carbone; l'accroissement de la couche de tourbe est très lent; il peut osciller entre $0^m,60$ et 3 mètres par siècle. Les plus grandes tourbières sont celles de Hollande, Allemagne, Irlande, Russie.

Fig. 57. — Un *récif corallien* à marée basse.

Les coraux fixent le calcaire dissous et construisent d'immenses récifs. *Le dépôt des débris d'organismes morts au fond des océans accumule des* boues *ou sédiments très importants. La* tourbe *résulte de la carbonisation à l'abri de l'air de certaines mousses.*

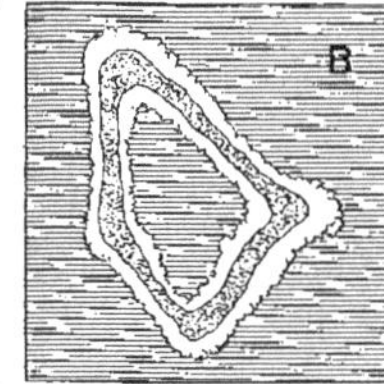

Fig. 56. — *Iles coralliennes* ou *atolls* : A, atoll incomplet; B, atoll complet.

IV. — TABLEAU-RÉSUMÉ DE L'ACTION GÉOLOGIQUE DES AGENTS EXTÉRIEURS.

	ÉROSIONS ET CORROSIONS.	DÉPOTS DIVERS.
L'ATMOSPHÈRE.	Sable déplacé par le vent.	Vents : Dunes maritimes et continentales.
L'EAU SAUVAGE.	Pluie : Ravinements et pyramides d'érosion. Ruissellement : Calcaires ruiniformes et chaos. Torrents temporaires : Affouillements, déboisement des montagnes.	Torrents temporaires : Cônes de déjection.
L'EAU SOUTERRAINE. . .	Infiltration et dissolution : Gouffres, grottes, enfouissement des eaux en pays calcaires.	Dissolution : Stalactites et stalagmites.
L'EAU SOLIDE.	Gel : Démolition des sommets. Glaciers : Creusement des vallées glaciaires, roches polies et striées.	Gel : Cônes d'éboulis. Glaciers : Moraines.
LES COURS D'EAU.	Creusement des gorges, cañons et vallées, méandres.	Alluvions, comblement des estuaires, deltas.
LA MER.	Marées et plateformes littorales, falaises, aiguilles, îlots, arches, grottes marines.	Plages de sable, galets, cordons littoraux, dépôts des grandes profondeurs.
LES ORGANISMES.	. . . .	Animaux : Récifs coralliens et atolls. Dépôts organiques des grandes profondeurs. Végétaux : Tourbe.

Fig. 58. — Les bords du *cratère* de l'Etna (Sicile).

30. **Volcans.** — Les *Volcans* présentent une forme conique; les cônes volcaniques sont formés de lave ou de cendres (*fig.* 59); le cratère s'évase au centre du cône (*fig.* 58); la cheminée qui s'ouvre au fond du cratère est une fracture de l'écorce terrestre. Certains volcans présentent sur leurs flancs des petits cônes supplémentaires ou cônes adventifs; on en compte des centaines sur l'Etna. Les éruptions commencent par une épaisse colonne de fumée, accompagnée de chutes de cendres et de manifestations explosives; elles se continuent par l'émission des laves, formées de roche fondue. Ces laves s'épanchent en *coulées* qui suivent les pentes, comme les liquides, puis se solidifient au contact de l'air.

Les volcans actifs d'Europe sont : l'Etna (*fig.* 58), dont la dernière grande éruption date de 1892; le Vésuve, qui fut terrible en 1900 et 1906; le Stromboli, dont les explosions se répètent tous les quarts d'heure, et le Vulcano, dont les vapeurs déposent toujours du soufre. En 1902, l'effrayante éruption de la Montagne-Pelée (Martinique) fut accompagnée de *nuées ardentes*, formées de vapeurs lourdes à haute température.

Hors d'Europe, il faut citer le pourtour de l'Océan Pacifique, formé d'une véritable chaîne de volcans : on en compte 49 dans l'archipel Malais, dont 28 à Java. Le Japon compte 35 volcans : il y en a 16 aux îles Kouriles, 12 au Kamtchatka et 34 aux Iles Aléoutiennes.

Le *volcanisme*, ou fonction volcanique, s'explique d'abord par le feu central (**4** et **37**) et par les grandes cassures de l'écorce terrestre (**32**); l'éruption paraît due aux propriétés foisonnantes de la vapeur d'eau dissoute en très grande quantité dans la masse minérale en fusion.

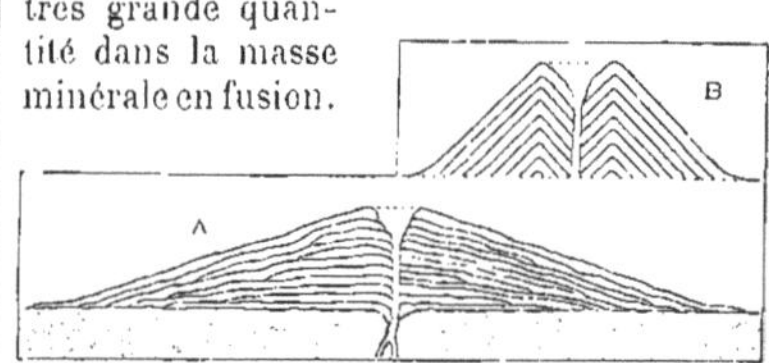

Fig. 59. — Structure des cônes volcaniques : A, cône de laves; B, cône de débris.

❀ *Les* volcans *mettent le feu souterrain en relation avec l'extérieur par l'intermédiaire des grandes fractures du sol; ils présentent un cône, un cratère et une cheminée.*

31. Émanations. — Les *Solfatares* sont des cratères par les fissures desquels sortent des vapeurs sulfureuses; ce sont des volcans à l'état de *repos* et non pas des volcans éteints, comme on le croyait autrefois. La solfatare la plus connue est celle de Pouzzoles, près Naples (Italie).

Les *Geysers* (*fig.* 60) sont groupés dans les terrains éruptifs; ce sont des sources chaudes, jaillissantes, intermittentes, et qui produisent des dépôts calcaires ou siliceux parfois abondants. Il en existe en Islande, Nouvelle-Zélande et dans le « Parc National » du Yellowstone (États-Unis).

Les *Soufflards* sont des dégagements de vapeur d'eau. Les *Soffioni* de Toscane (Italie) sont des soufflards; ils sont groupés le long des fractures du sol et fournissent une grande quantité d'acide borique.

Les *Salses* ou *volcans de boue* se présentent comme des petits cônes argileux, émettant de la boue souvent salée et des gaz; on les observe dans le nord de l'Italie, la Sicile (*fig.* 61), le Caucase, l'Irlande et l'Amérique du Nord.

Les sources *thermo-minérales* déposent parfois du calcaire cristallisé en grande abondance ou *travertin;* leurs dépôts s'étagent en de belles vasques fumantes; il en existe en Algérie (Hammam-Meskhoutine), en Turquie d'Asie (Bains d'Hieropolis), aux États-Unis (Sources du Mammouth). Certaines eaux des sources *minérales* (Saint-Galmier, Vals, Vichy, Orezza) sont fort employées comme médicaments.

Phot. de M. Aug. Robin.

Fig. 61. — Deux des cratères de la *Salse* ou *Maccalube* de Girgenti (Sicile).

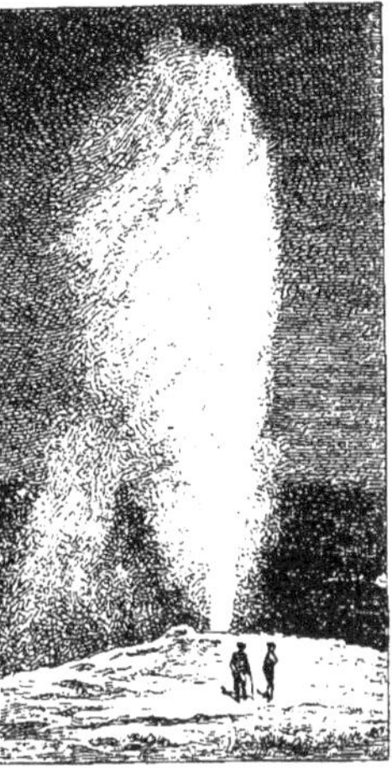

Fig. 60. — Éruption d'un *Geyser*.

Les *Mofettes* sont des émanations de gaz carbonique, lequel peut s'accumuler dans les dépressions et y entretenir un milieu asphyxiant; telles sont la Grotte du Chien, près de Naples, et la Vallée de la Mort, à Java.

❀ *Les* Solfatares *fournissent des vapeurs sulfureuses; les* Geysers *sont des sources chaudes jaillissantes; les* Soffioni *donnent de l'acide borique; les* Salses *sont des volcans de boue; les* Mofettes *émettent du gaz carbonique.*

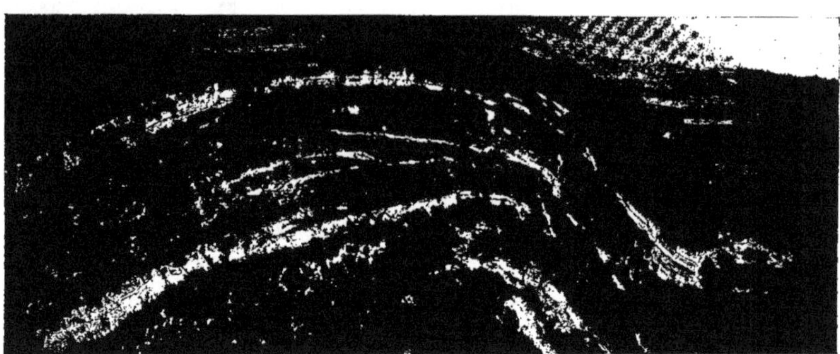

Phot. de M. Aug. Robin.

Fig. 62. — Grand pli *anticlinal,* dans la *Cluse* de Valorbes (Jura suisse).

32. Contractions de l'écorce. — En se refroidissant, le feu central diminue de volume. Pour rester en contact avec la masse minérale en fusion, l'écorce terrestre se plisse comme un vètement trop large et se brise. Les plus grands *plis* sont représentés par les chaînes de montagnes, qui sont des rides gigantesques dues aux efforts de contraction de l'écorce terrestre. Les plis de terrains s'observent facilement dans le Jura; ceux qui se présentent en bosse sont des plis *anticlinaux* (*fig.* 62 et 63); ceux qui se courbent en forme de cuvettes sont des plis *synclinaux.*

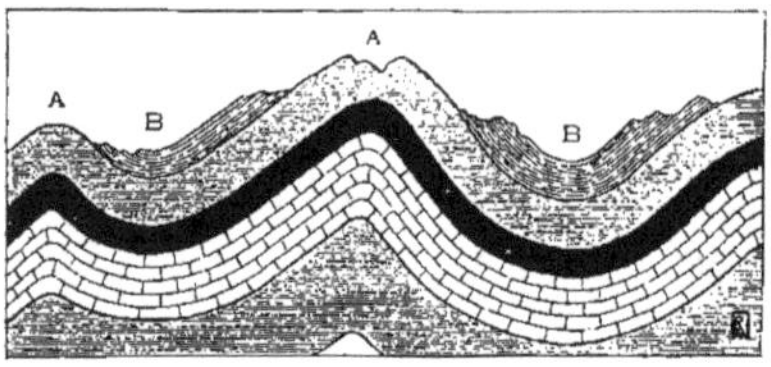

Fig. 63. — Coupe transversale de plis *anticlinaux* (A, A) et *synclinaux* (B, B).

A côté des plissements, il faut signaler les *cassures* ou *fractures* qui fendent le sol jusqu'à des profondeurs considérables; souvent ces cassures sont accompagnées de *rejet,* c'est-à-dire d'une dénivellation : il s'agit alors d'une *faille;* les parois des failles sont fréquemment polies par le frottement subi au moment de l'effort de dénivellation.

Les *contractions* lentes produisent des mouvements secondaires plus faciles à observer au bord de la mer à cause du niveau des eaux, qui constitue un point de repère. C'est ainsi que les *fjords* de Norvège sont des vallées affaissées et envahies par la mer (*fig.* 64). La Hollande, la Baie du Mont-Saint-Michel, les vallées du nord de la Bretagne se sont affaissées. Au contraire, les rivages de la Charente-Inférieure se sont élevés.

Fig. 64. — Plan du *Sognefjord* (Norvège).

❀ *Le feu central diminuant de volume en se refroidissant, l'écorce terrestre se* plisse *comme un vêtement trop large; elle donne ainsi naissance aux* chaines de montagnes. *Ces plissements sont accompagnés de cassures profondes.*

Fig. 65. — Le village de Stefanoconi (Calabre) après le *Tremblement de terre* de 1905.

33. Tremblements de terre. — Les *tremblements de terre* ou *Séismes* appartiennent aussi à l'action du feu central ; ils représentent des épisodes, parfois violents, des contractions lentes de l'écorce terrestre. Ils se manifestent de façon très variable, donnant naissance à des secousses presque insensibles comme aux plus terribles catastrophes. Parmi ces dernières, on cite souvent celle de 1755, à Lisbonne, où la ville fut détruite et où 30 000 personnes périrent. Citons ici les derniers grands tremblements de terre : ceux qui dévastèrent la Ligurie (Italie) en février 1887 (*fig* 66), la Calabre (Italie) en septembre 1905 (*fig.* 65), San Francisco (États-Unis) en avril 1906, Valparaiso (Chili) en août 1906, Kingston (Jamaïque) en janvier 1907, Messine et Reggio (Italie) en décembre 1908.

En France, les secousses séismiques sont fréquentes, mais généralement faibles ; exceptionnellement elles peuvent être violentes, comme en Provence (juin 1909), où plusieurs villages furent à peu près rasés. Les *secousses* du sol peuvent être centrales (*fig.* 66), verticales, horizontales (*fig.* 67) ou ondulatoires ; on les enregistre à l'aide d'un instrument très perfectionné, qui est le *séismographe*. Cet instrument permet de constater que la croûte terrestre est en état de mobilité presque continue. Les secousses produisent

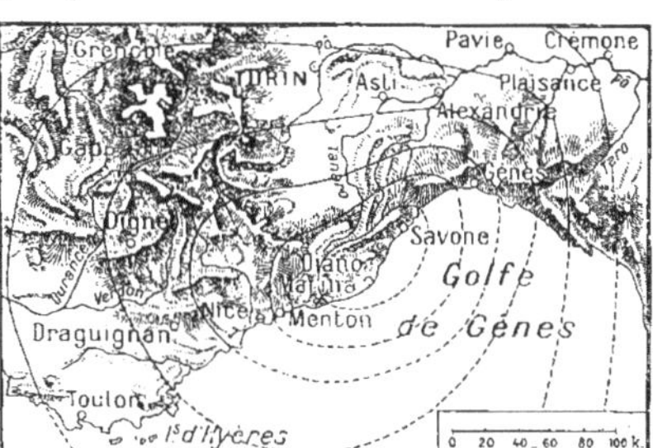

Fig. 66. — Zones décroissantes d'intensité de la *secousse* centrale de Ligurie (1887).

Phot. de M. Aug. Robin.

Fig. 67. — Temples de Sélinonte (Sicile), renversés sur le côté par une *secousse* horizontale.

souvent des crevasses et parfois des soulèvements ou des affaissements du sous-sol.

❀ *Les* tremblements de terre *ou* Séismes *sont des épisodes, parfois violents, du phénomène des* contractions *lentes de l'écorce terrestre; ils sont ordinairement légers en France.*

V. — TABLEAU-RÉSUMÉ DE L'ACTION GÉOLOGIQUE DES AGENTS INTERNES.

	ÉMISSIONS SOLIDES.	LIQUIDES.	GAZEUSES.
VOLCANS......	Cônes de débris, cendres, scories, soufre des fumerolles et des solfatares.	Roches éruptives et laves diverses.	Vapeur d'eau et gaz divers de la colonne de fumée, des nuées ardentes et des fumerolles.
ÉMANATIONS....	Dépôts des geysers. Acide borique des soufflards. Travertin des sources thermo-minérales.	Eaux chaudes des geysers. Boues des salses. Eaux thermo-minérales. Eaux minérales froides.	Vapeur d'eau des geysers, des soufflards et des sources chaudes. Gaz carbonique des eaux minérales froides et des mofettes.
DISLOCATIONS....	Phénomènes variables d'intensité et résultant tous de la contraction progressive de l'écorce terrestre : plis, cassures et failles; soulèvements lents des chaînes de montagnes; affaissements lents des vallées scandinaves (fjords); tremblements de terre, effondrements et soulèvements, crevasses.		

Phot. de M. Aug. Robin.

Fig. 68. — Aspect des différentes *couches* ou *strates* dans une *carrière* en exploitation.

QUATRIÈME CONFÉRENCE

LA TERRE

34. **Rapprochement du présent et du passé.** — C'est en abordant les phénomènes anciens que nous allons apprécier l'utilité d'avoir précédemment étudié les phénomènes actuels : c'est la connaissance de ces derniers qui nous permettra de comprendre le passé. De tout temps, en effet, les cours d'eau ont entraîné des alluvions, les glaciers ont accumulé les débris des montagnes, les mers ont déposé des sédiments, les organismes ont édifié des terres nouvelles, les volcans ont rejeté des laves et les dislocations du sol ont bouleversé l'ordre des diverses formations; et, grâce à ce que nous savons du présent, nous pourrons reconnaître dans l'épaisseur de l'écorce terrestre l'origine de chaque dépôt, de chaque roche, quelles que soient les perturbations de toutes sortes qui se sont produites à travers les âges.

❁ *L'étude des phénomènes* actuels *permet de préciser l'origine des formations* anciennes *et la nature des phénomènes qui les ont produites ou bouleversées.*

35. **Système solaire.** — Mais il nous faut prendre l'histoire du passé fort loin, et nous arrêter quelques instants à l'origine même de la Terre. Pour cela, il nous faut dire quelques mots d'astronomie.

La Terre appartient à une famille d'astres que l'on appelle le *Système solaire,* parce que le Soleil en occupe le centre (*fig.* 69). C'est autour de cet astre incandescent que se meuvent en orbites concentriques les astres obscurs ou planètes, qui sont Mercure,

Vénus, Terre, Mars, Jupiter, Saturne, Uranus et Neptune. La plupart de ces planètes constituent à leur tour un petit système analogue, car la Terre a un satellite qui est la Lune, Mars en a deux, Jupiter cinq, Saturne sept, Uranus quatre et Neptune un. Tous ces corps tournent autour du Soleil avec une parfaite régularité; mais ceci est l'*état présent*. Or, les connaissances que nous possédons maintenant permettent d'indiquer les différentes phases par lesquelles a passé le Système solaire, car elles sont venues confirmer la belle théorie établie par le grand savant français Laplace.

❀ *La Terre appartient au* Système solaire *et, comme les autres planètes, tourne autour du Soleil. Des planètes plus petites, dites* satellites, *tournent autour de la plupart des grandes planètes : la Lune tourne autour de la Terre.*

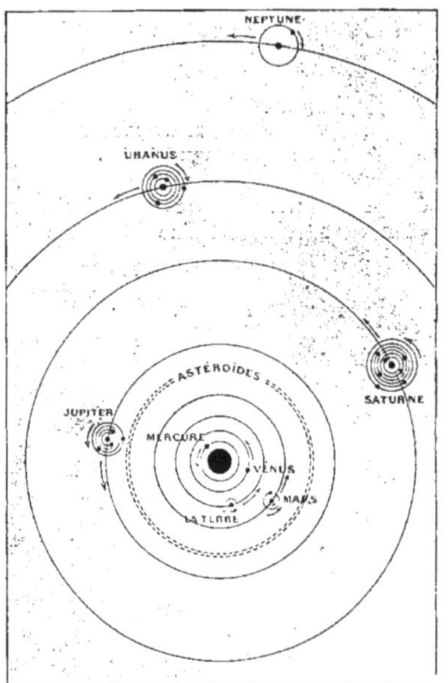

Fig. 69. — Le *Système solaire.*

36. **États stellaire et planétaire.** — Le point de départ d'un système planétaire est la *nébuleuse* (*fig.* 70), formée de matière cosmique primitivement gazeuse, obscure et très dispersée, mais douée d'un mouvement de rotation et qui, se condensant progressivement, s'échauffe et devient peu à peu lumineuse, jusqu'à un maximum de température, d'éclat et d'activité qui est l'état d'étoile ou *état stellaire*. La durée de cet état varie avec le volume de l'astre. C'est ainsi que l'existence stellaire du Soleil est beaucoup plus longue que ne l'a été celle de la Terre, et que celle de la Lune fut infiniment plus courte encore. Les plus belles étoiles du ciel sont Sirius et Véga dont l'éclat est incomparable. Le Soleil est une étoile dont l'âge est avancé : le phénomène des taches en est un signe.

L'extinction et le refroidissement progressif des étoiles les conduisent à l'état de planète ou *état planétaire*, caractérisé par une croûte sombre enveloppant le centre toujours lumineux, et entourée par les matières les moins denses qui constituent l'atmosphère. Jupiter paraît représenter le début de l'état planétaire. Vénus, moins âgée que la Terre, offre des océans proportionnellement plus vastes : Mars, dont l'évolution est beaucoup plus avancée que celle de notre globe, présente des mers beaucoup plus réduites.

L'absorption des eaux et aussi de l'atmosphère amène l'*état lunaire*, c'est-à-dire l'état

Fig. 70. — Aspect d'une *Nébuleuse.*

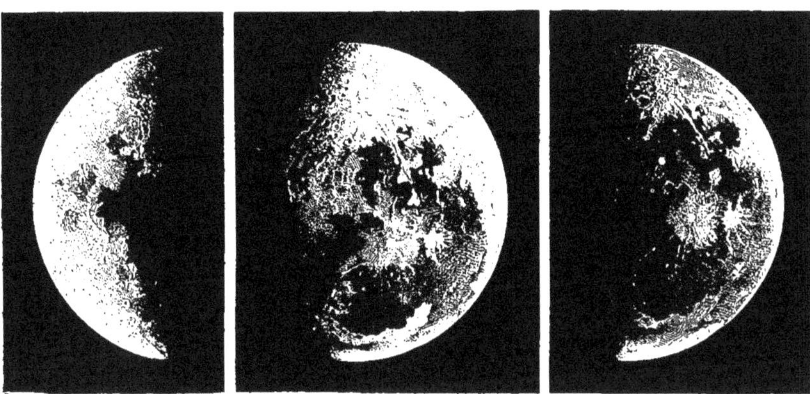

Fig. 71. — Parties visibles de la *Lune* en ses différentes phases.

actuel de la Lune (*fig.* 71), qui est une planète morte. Sa surface est hachée d'immenses cassures qui paraissent la fendre de part en part et préparer la dispersion de sa substance, car la *rupture spontanée* des planètes mortes caractérise vraisemblablement la dernière phase de leur évolution ; ce serait l'origine des météorites ou pierres tombées du ciel.

✿ *Un système planétaire résulte d'abord de la condensation, de la rotation et de l'échauffement d'une* nébuleuse ; *le maximum de température et d'éclat caractérise l'état d'*étoile. *L'extinction de l'étoile par la formation d'une croûte sombre la transforme en* planète, *dont le refroidissement et la dessiccation progressifs amènent l'état* lunaire.

37. **Température du sol.** — Maintenant que nous connaissons l'origine du feu d'après la théorie de Laplace, il s'agit de retrouver la preuve de son existence dans l'écorce terrestre. En effet, les éruptions volcaniques, la nature de leurs déjections, indiquent bien qu'il existe toujours dans les profondeurs du sol un point où les matières minérales sont restées à l'état de fusion depuis le début de l'état planétaire : c'est ce que l'on appelle le *feu central*.

On en trouve encore une preuve dans la température du sol ; c'est ainsi qu'à Paris, et à 10 mètres de profondeur, la température du sol est constamment à + 10°,8, en hiver comme en été ; elle y est complètement insensible aux écarts thermométriques de l'air extérieur. Au-dessous de ce niveau constant, la chaleur augmente à mesure que l'on pénètre plus avant dans le sol ; plus une mine est profonde, plus la température y est élevée. Les géologues ont longtemps cherché à établir le *degré géothermique* ou profondeur verticale qu'il est nécessaire de franchir pour voir augmenter de 1 degré la température du sol ; mais il s'agit là d'un résultat difficile à atteindre, car l'augmentation de la chaleur ne répond pas à une profondeur égale en tous pays ; elle varie selon les terrains, notamment. On a cependant fixé provisoirement le *degré géothermique moyen* à 31 mètres. Ce chiffre permet d'attribuer à l'écorce terrestre une épaisseur moyenne d'une soixantaine de kilomètres. A cette profondeur toutes les roches connues sont fatalement à l'état de fusion ; mais tout porte à croire que cette épaisseur est encore exagérée et que l'état liquide des matières minérales se produit à une profondeur moins considérable.

❀ *L'existence du* feu central *est indiquée par les* éruptions *volcaniques et par l'augmentation de la* température *du sol avec la profondeur. Cette température augmente de 1 degré en moyenne par 31 mètres de profondeur verticale. D'après ce chiffre, toutes les roches connues seraient en* fusion *à 60 kilomètres de la surface du globe.*

38. **Sédimentation.** — Dès que la croûte terrestre fut formée et que la vapeur d'eau atmosphérique se fut condensée pour donner naissance aux eaux superficielles, aux océans, la sédimentation commença. L'agitation des flots produisit immédiatement l'érosion et le déplacement des matériaux démolis. Les sédiments furent d'abord exclusivement minéraux, les éléments d'origine organique n'y collaborèrent que beaucoup plus tard.

Pour bien comprendre la sédimentation qui se produit au fond des mers, nous ne saurions mieux faire que de comparer avec ce que la nature a fait en plus petit. Dans les *flaques d'eau* de pluie qui ont pu résister quelques semaines, on remarque une mince couche de boue qui, desséchée, s'écaillera au soleil, car elle est argileuse; cette pellicule est un dépôt géologique, un dépôt *sédimentaire*. Si l'on examine le fond d'une *mare* persistante, l'argile y sera plus épaisse, plus impure et renfermera certainement des débris organiques : végétaux aquatiques, restes d'animaux inférieurs, coquilles vides de petits mollusques, ossements de batraciens; il s'agit alors d'un sédiment renfermant des *fossiles*, ce qui permettra aux géologues de l'avenir de le classer très exactement dans la série des terrains.

Les vases d'un *étang* ou d'un *lac* représentent des dépôts encore plus importants, et c'est ainsi que nous arrivons à ceux des mers et des océans dont nous nous expliquerons mieux l'effrayante épaisseur.

❀ *La sédimentation commença dès que les océans furent formés. La* boue *des flaques d'eau temporaires, la* vase *des mares et des étangs, les* dépôts *des lacs sont comparables aux* sédiments *si épais du fond des mers.*

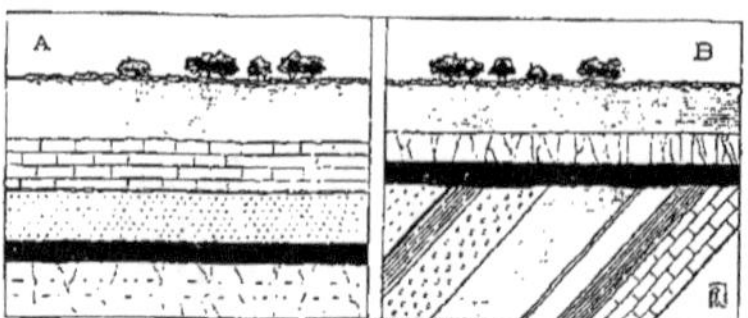

Fig. 72. — Disposition des roches *stratifiées* : A. stratification concordante; B. stratification discordante.

39. **Stratification, âge relatif.** — Les dépôts marins et lacustres progressent généralement avec une parfaite horizontalité. Cette horizontalité est facile à constater dans les carrières ou sur le front des escarpements (*fig.* 5, 68 et 156), sauf dans les terrains qui ont été bouleversés par les dislocations de l'écorce terrestre (*fig.* 190). Les différentes couches du sous-sol se montrent avec une grande netteté, parce que le régime des dépôts est variable : chaque modification de régime donne lieu à la précipitation de matériaux un peu différents, reconnaissables dans la roche à la grosseur du grain, à sa dureté et à sa compacité. C'est ainsi que les grandes *assises* de roches se divisent en *couches* et les couches en *lits*; il en résulte une série de *strates* qui constituent la *stratification*. Les terrains *stratifiés* sont donc composés de différentes roches sédimentaires, étagées en stratification généralement *concordante* (*fig.* 72, A). Parfois, des couches inclinées sont recouvertes de couches horizontales : c'est un cas de stratification *discordante* (*fig.* 72, B).

On reconnaît l'*âge relatif* des terrains par leur ordre de superposition, la couche supérieure étant plus récente que celles qu'elle recouvre. Mais, en face des terrains bouleversés par les contractions de l'écorce terrestre, cette méthode rencontre bien des difficultés; aussi le renseignement le plus sûr est-il fourni par la nature des fossiles (**42**).

❀ *Les dépôts* sédimentaires *se superposent en couches, ou strates : ils sont* stratifiés *et se différencient par leur structure et leur dureté. L'âge* relatif *des terrains est souvent indiqué par l'ordre de superposition.*

40. Fossiles, Fossilisation. — Lorsqu'on pénètre dans une carrière qui s'ouvre en terrain sédimentaire, il n'est pas rare de trouver des coquillages, parfois intacts; on désigne sous le nom de *fossiles* les débris animaux et végétaux que contiennent les roches sédimentaires (*fig.* 27, 73 et 163). Ces débris se sont déposés dans les vases des fonds sous-marins ou sous-lacustres et appartenaient aux êtres qui vivaient dans ces eaux. On a ainsi recueilli les restes d'innombrables fossiles marins et d'eau douce; on a également trouvé des animaux terrestres dans ces terrains, mais il faut croire qu'ils s'étaient noyés, car, dès qu'un organisme meurt à la surface du sol, il devient le siège d'une décomposition chimique et d'autres organismes s'empressent de le dévorer; puis l'humidité de l'air, l'action dissolvante des eaux de pluie et les gelées ont rapidement raison de ses os. De sorte qu'un corps, quelles que soient les dimensions de son squelette, est appelé à disparaître en peu de temps, s'il est exposé à l'air. Les organismes mourant au fond des eaux ont au contraire beaucoup plus de chances de conservation, surtout s'ils se sont rapidement enfouis dans la vase, c'est-à-dire dans un milieu échappant en partie aux influences destructives.

❀ *On retrouve dans les roches sédimentaires les* débris *des êtres qui vivaient au temps de leur dépôt; ce sont les* fossiles, *qui ont échappé à la destruction par leur enfouissement dans la vase, c'est-à-dire à l'abri de l'air.*

41. Paléontologie. — Dès le VIIIe siècle de notre ère on trouve dans un livre hindou de curieuses dissertations sur l'évolution des organismes à travers les âges; mais cela n'empêcha pas qu'au milieu du XVIe siècle, lorsque le génial et malheureux Bernard Palissy exposa son opinion sur les fossiles, on reçut fort mal ses discours : l'hostilité fut grande autour de lui. Dans ses voyages, Bernard Palissy avait remarqué des débris et empreintes fossiles; il soutint que les formes enfermées dans les terrains étaient de véritables coquilles que la mer avait autrefois nourries et qui s'étaient conservées dans le sol après le départ des eaux. « Quand j'ai eu de bien près regardé aux formes des pierres, disait-il, j'ai trouvé que nulle d'icelles ne peut prendre forme de coquilles, ni d'autre animal, si l'animal même n'a bâti sa forme... Le rocher qui est tout plein de diverses espèces de coquilles a été autrefois vases marines, produisans poissons. » Il disait encore à son auditoire : « Va quérir à présent tes philosophes latins pour me donner argument contraire. »

Les idées de Bernard Palissy furent naturellement méconnues, et la *Paléontologie*, ou science des fossiles, ne se dessina qu'avec Fontenelle, Réaumur, de Jussieu, Buffon ; elle se développa merveilleusement avec les beaux travaux de Cuvier. Ce grand savant, en étudiant les ossements fossiles et en les comparant avec les ossements des animaux vivants, créa l'*anatomie comparée* (**95**). Un autre savant, Albert Gaudry, contribua au progrès de la Paléontologie et de l'évolutionnisme.

❀ *Bernard Palissy fut au* XVIe *siècle un des premiers observateurs des fossiles, mais la* Paléontologie *ne se dessina qu'au cours du* XVIIIe *siècle. Elle se développa avec Cuvier, qui créa l'*Anatomie comparée, *et fut illustrée depuis par les travaux d'Albert Gaudry.*

Fig. 73. — Débris *fossiles* dans une roche sédimentaire.

42. Importance des fossiles. — Nous savons que certains terrains sont d'origine marine et que d'autres sont d'eau douce; cela se reconnaît aux espèces fossiles qu'ils contiennent. Mais ce qu'il faut surtout reconnaître dans l'écorce terrestre, c'est l'*âge* des terrains, l'*ordre* dans lequel ils se sont succédé, et grouper les dépôts qui, sur toute la surface du globe, se sont formés en même temps. Comme nous l'avons dit plus haut, l'ordre est généralement indiqué par la superposition, les terrains les plus récents recouvrant les plus anciens; mais cela n'est pas rigoureusement exact, et nous savons maintenant que le renseignement le plus certain est fourni par les espèces fossiles, lesquelles n'ont pas cessé de se transformer, d'*évoluer* depuis l'apparition du premier organisme. A travers l'immensité des temps géologiques, les animaux et les végétaux se sont modifiés peu à peu; les genres et les familles apparaissaient, se développaient, puis s'éteignaient, absolument comme l'individu naît, vit et meurt. D'autres formes leur succédaient qui évoluaient à leur tour. Il en résulte que d'un sédiment à l'autre la série des fossiles est plus ou moins différente, qu'elle n'est jamais semblable. On nomme *fossiles caractéristiques* d'un terrain ceux qui lui appartiennent exclusivement et n'existent pas dans les autres.

✿ *L'âge des terrains est principalement indiqué par la nature des* fossiles, *chaque couche contenant une série d'espèces partiellement* différente *des autres séries; cela est dû à* l'évolution *des organismes.*

43. Caractère de la classification. — La composition des séries animales et végétales, se modifiant avec le temps, offrait donc aux géologues les indications les plus précieuses pour fixer l'ordre de succession et l'âge des dépôts, et c'est ce qui leur a permis d'établir la *classification* des terrains. Mais il ne faut pas attribuer à cette classification un caractère qu'elle n'a pas : les limites des groupements qui la constituent n'indiquent pas des *repos* dans le cours de la sédimentation. Certes, il y a eu des arrêts locaux, car la série des terrains n'est complète en aucun pays pris séparément; mais, lorsque les eaux se retiraient d'une contrée, les dépôts continuaient de se produire au fond des autres mers, de sorte que si les océans n'ont pas cessé de se déplacer, ils ont du moins toujours recouvert la plus grande partie de la surface du globe. Il n'y a donc jamais eu d'arrêt général et les noms que l'on a donnés à des groupes de terrains ne constituent que des points de *repère* dans la série des dépôts; mais à ce titre ils sont indispensables.

✿ *Les divisions établies dans la série des terrains n'indiquent pas d'arrêts généraux dans la sédimentation, car celle-ci a été* continue ; *elles représentent seulement des points de* repère, *indispensables aux géologues.*

44. Divisions des terrains. — Comme nous l'avons appris plus haut, les parties profondes de l'écorce terrestre sont formées de roches cristallines qui résultent de la première consolidation de la surface du globe; elles se sont formées lorsque celui-ci a passé de l'état pâteux à l'état solide. L'épaisseur de ces roches est allée en augmentant toujours à la base, c'est-à-dire vers l'intérieur. C'est sur ce sol cristallin, appelé terrain *Primitif*, que se sont étagées les formations *sédimentaires*, que nous allons bientôt étudier en suivant l'ordre chronologique. Une troisième catégorie de terrains est représentée par les roches *éruptives* qui, venues du centre en fusion, se sont insinuées de tout temps à travers l'écorce terrestre (**4, 20, 22**).

Les terrains sédimentaires ont été partagés en quatre grandes divisions ou *Ères*, qui ont été subdivisées chacune en périodes ou *Systèmes*. C'est ainsi que l'ère *Primaire* est formée de cinq systèmes qui sont, de bas en haut : Précambrien, Silurien, Dévonien, Carboniférien et Permien. L'ère *Secondaire* comprend les systèmes Triasique, Jurassique et Crétacique. Enfin l'ère *Tertiaire* se compose des systèmes Éocène, Oligocène, Miocène et Pliocène. Quant à l'ère *Quaternaire*, elle débute à peine et ne comporte pas de grandes divisions. (Voy. Tableau-résumé, page 90.)

Fig. 74. — Terrain *Archéen :* Les Micaschistes de Belle-Isle-en-Mer (Morbihan).

❀ *Au-dessus du terrain* Primitif, *on a divisé les terrains* sédimentaires *en quatre* Ères, *qui sont, de bas en haut : Primaire, Secondaire, Tertiaire et Quaternaire. Ils sont plus ou moins traversés d'injections* éruptives.

45. **Terrains Primitif et Archéen.** — Le terrain *Primitif* est assez peu connu : autrefois, on considérait tous les granites comme primitifs; on a reconnu depuis que ce sont des roches éruptives. Ensuite on s'est reporté sur les roches *cristallophylliennes :* gneiss, micaschistes (**20**), parce que ce sont des types que l'on rencontre toujours en dessous des autres terrains; mais certains gneiss et micaschistes ont fourni des fossiles : ceux-là ont affirmé leur origine sédimentaire. Il en résulte que certains géologues sont maintenant persuadés que toutes les roches cristallophylliennes sont des sédiments très anciens qui ont pris avec le temps une structure cristalline. C'est en raison de son origine douteuse que ce terrain est généralement qualifié d'*Archéen;* ce nom vient d'un mot grec qui veut dire *ancien*, et il est plus prudent de l'employer. D'ailleurs, l'épaisseur de l'écorce terrestre connue et explorée par l'homme est si minime auprès de son épaisseur totale qu'il ne peut être donné aucune indication définitive sur la composition exacte du véritable *terrain primitif*.

Les roches archéennes constituent la surface du sol sur une grande partie de la Bretagne (*fig.* 74), du Massif-Central, des Pyrénées et des Alpes. On peut supposer que ces régions sont toujours restées continentales, ou bien que les sédiments qui ont pu les recouvrir à certaines époques ont été détruits par l'érosion superficielle.

❀ *Le terrain* Primitif *résultant de la première consolidation du globe est inconnu. On nomme* Archéen *l'ensemble des roches cristallophylliennes qui supportent la série sédimentaire; mais ces roches sont probablement elles-mêmes des sédiments très anciens.*

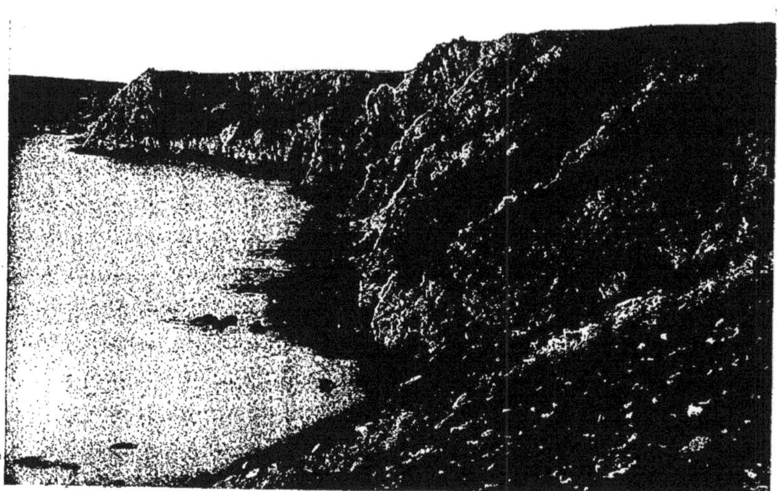

Phot. de M. Aug. Robin

Fig. 75. — Ère *Primaire;* Système *Silurien :* Grès armoricain des falaises de Morgat (Finistère).

CINQUIÈME CONFÉRENCE

ÈRE PRIMAIRE

46. Caractères principaux. — Les dépôts de l'Ère Primaire sont de beaucoup les plus épais; ils représentent à eux seuls une masse plus importante que celle des autres terrains réunis, et le temps durant lequel ils se sont formés embrasse la plus grande partie des temps géologiques. Les roches d'âge primaire sont différentes de celles du terrain archéen; si certaines d'entre elles présentent une structure partiellement cristalline due à leur grande ancienneté, on y reconnaît cependant l'origine sédimentaire par la nature détritique, c'est-à-dire l'accumulation de débris sur un fond de mer, et la présence fréquente de fossiles. Ce sont principalement des schistes, des grès et des marbres très durs et de teinte sombre; elles reposent toujours sur les roches cristallines du terrain archéen. Une remarquable exubérance végétale a donné naissance aux gisements de houille. Parmi les fossiles animaux, il en est une série tout à fait remarquable qui apparaît vers le commencement de l'ère et s'éteint vers la fin; ce sont les *Trilobites* (*fig.* 76 et 88). Il suffit de recueillir un Trilobite en place pour avoir la certitude absolue que l'on se trouve en présence d'un terrain *Primaire.* C'est donc le fossile caractéristique de cette ère.

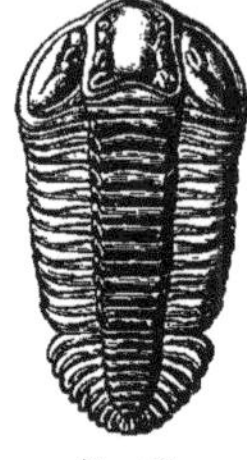

Fig. 76. *Trilobite.*

La présence des mêmes fossiles dans le monde entier et leur nature indiquent un climat uniforme et très chaud; c'est ainsi que la flore du Spitzberg comprend des Fougères et que les récifs de coraux encombrent les mers européennes; les saisons ne se manifestent que beaucoup plus tard. En France, les formations primaires sont visibles en Bretagne, où elles sont serrées entre les deux bandes archéennes, puis en Cotentin, Ardennes, Massif-Central et Pyrénées.

❁ *Les dépôts* Primaires *sont les plus épais; c'est dans leurs assises, dont l'origine est* sédimentaire, *que l'on trouve la houille. Les fossiles caractéristiques de cette ère sont les* Trilobites. *Le climat était* uniforme *et très chaud sur toute la Terre.*

47. Apparition de la vie. — Les dépôts Primaires constituent la base de la série sédimentaire et les plus inférieurs ne contiennent aucun fossile. Les premières mers, en effet, ne présentèrent pas un milieu favorable à la vie organique et ce n'est qu'après bien des siècles de sédimentation exclusivement minérale qu'y apparut la vie. Cette apparition se manifesta probablement sous forme d'êtres microscopiques unicellulaires, se dégageant insensiblement de la substance inorganique sous l'influence de réactions quelconques. Mais, étant donnée la simplicité de leur organisation anatomique, ces êtres n'ont pas laissé de traces dans les terrains, et le plus ancien des fossiles connus vécut après d'innombrables générations qui nous ont échappé en raison de la décomposition et aussi de la transformation physique et chimique des roches, ou *métamorphisme*. En effet, les efforts de contraction de l'écorce terrestre, la haute température des profondeurs, le voisinage des injections éruptives ont complètement changé la structure des sédiments; les roches anciennes sont devenues feuilletées et plus ou moins cristallines; leur composition chimique s'est modifiée; ces causes ont complètement détruit les débris fossiles qu'elles pouvaient contenir; c'est ainsi que les débuts de la vie à la surface du globe nous échapperont toujours.

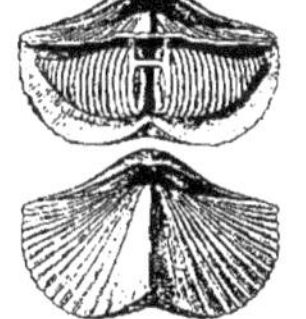

Fig. 78. — *Spirifère.* En haut : coquille ouverte.

❁ *La vie est apparue au fond des eaux, probablement sous forme d'êtres microscopiques unicellulaires; mais les traces de ces premiers fossiles ont été detruites par la* décomposition *rapide, ou par le* métamorphisme *des roches qui les contenaient.*

48. Polypes, Brachiopodes. — Pour chaque ère géologique nous citerons un certain nombre de types, en commençant par les formes les plus inférieures; mais nous ne nous arrêterons sur les caractères anatomiques des groupes que pour les formes disparues, les autres ayant été, pour la plupart, suffisamment étudiées en Zoologie.

Les terrains Primaires ont fourni des Protozoaires sous forme de petites carapaces de Foraminifères (Fusulines); puis des Polypiers en très grand nombre. Les plus anciens sont les *Graptolites* (*fig.* 77), petites lames de scie plus ou moins contournées dont les dents représentent les loges d'habitation ; les Graptolites formaient des colonies flottantes. Un peu plus tard, les Polypiers constructeurs, groupés en tubes serrés, ont formé d'importants *récifs* dont l'émersion ultérieure a donné naissance à des assises géologiques entièrement pétries de leurs restes.

Fig. 77. *Graptolite.*

Les molluscoïdes Brachiopodes ont fourni des genres importants; ces animaux, qui ressemblent extérieurement à des mollusques bivalves, sont caractérisés par un pied charnu qui sort d'un orifice de la valve inférieure et leur permet de se fixer au rocher; ils ont en outre deux bras munis de cils et enroulés en spirale;

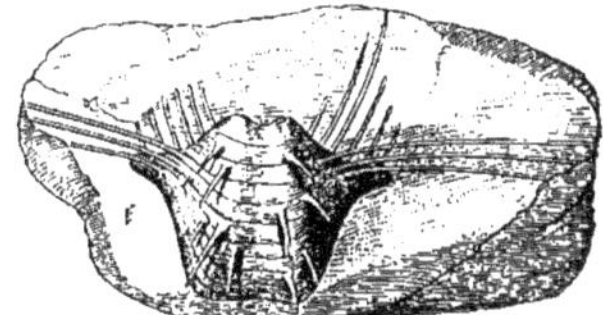

Fig. 79. — *Productus.*

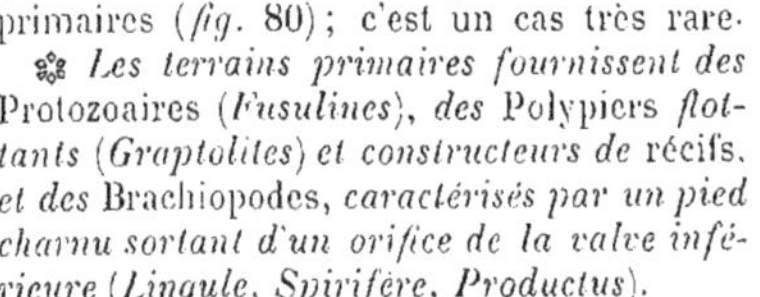

Fig. 80. *Lingule* actuelle.

ces bras servent à la préhension et à la respiration. Chez les *Spirifères* (*fig.* 78) les bras s'appuient sur deux lames calcaires ; chez les *Productus* (*fig.* 79) la coquille très épaisse porte extérieurement des appendices tubulaires dans lesquels se prolonge la substance charnue. Les plus anciens brachiopodes sont les *Lingules ;* il est intéressant de constater que ces derniers ne sont pas éteints, car on en trouve dans les mers actuelles des espèces peu différentes des espèces primaires (*fig.* 80) ; c'est un cas très rare.

❀ *Les terrains primaires fournissent des* Protozoaires (*Fusulines*), *des* Polypiers *flottants* (*Graptolites*) *et constructeurs de* récifs, *et des* Brachiopodes, *caractérisés par un pied charnu sortant d'un orifice de la valve inférieure* (*Lingule, Spirifère, Productus*).

49. **Mollusques.** — En dehors de quelques rares Gastéropodes et Lamellibranches, les mollusques n'étaient représentés que par des Céphalopodes à coquille, comme le *Nautile* (*fig.* 83), dont le genre existe encore. Il n'y avait pas à cette époque de Céphalopodes à deux branchies (dibranches), il n'y avait que des formes à quatre branchies (*tétrabranches*). Le Nautile, qui peut être cité comme type, est remarquable par sa coquille enroulée, cloisonnée et divisée en plusieurs chambres qu'il a successivement habitées. A mesure que l'animal grossit, il sécrète une nouvelle chambre et abandonne la précédente, restant cependant en relation avec toutes les autres par un siphon central (*fig.* 82) qui traverse les cloisons.

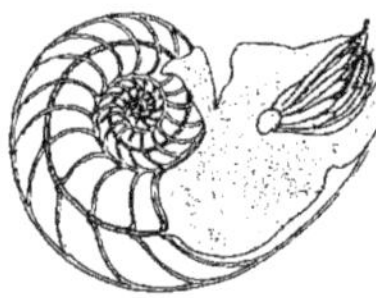

Fig. 82. — Coupe du Nautile montrant le *siphon*.

Parmi les formes voisines des Nautiles, on retrouve des coquilles plus ou moins déroulées : ce sont d'abord les *Gyrocères* (*fig.* 84), qui ne sont que légèrement déroulés. Plus tard, la coquille prend une forme arquée avec les *Cyrtocères* (*fig.* 85 et 86). Plus tard encore, apparaissent les céphalopodes à coquille droite ou *Orthocères* (*fig.* 87), dont le groupe présente des espèces de très grande taille. Mais, vers la fin des temps primaires, apparaissent des formes nouvelles complètement enroulées : les *Goniatites* (*fig.* 81), ancêtres de la grande famille des Ammonites.

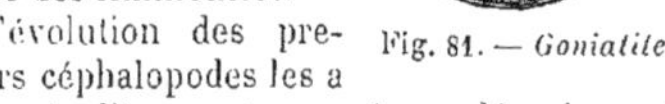

Fig. 81. — *Goniatite.*

L'évolution des premiers céphalopodes les a donc régulièrement poussés au déroulement progressif de la coquille. Nous verrons plus loin (7) que les mêmes formes se sont produites aux temps secondaires lors de leur extinction.

❀ *Les Mollusques primaires sont principalement des* Céphalopodes *à coquille cloisonnée et plus ou moins enroulée. Chez les plus anciens, la coquille est enroulée* (*Nautile*), *légèrement déroulée* (*Gyrocère*), *puis arquée* (*Cyrtocère*), *enfin complètement droite* (*Orthocère*).

Fig. 83. — *Nautile.*

Fig. 84. — *Gyrocère.*

Fig. 85 et 86. — *Cyrtocères.*

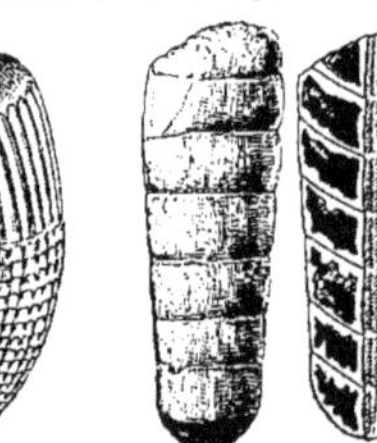

Fig. 87. — *Orthocère.*

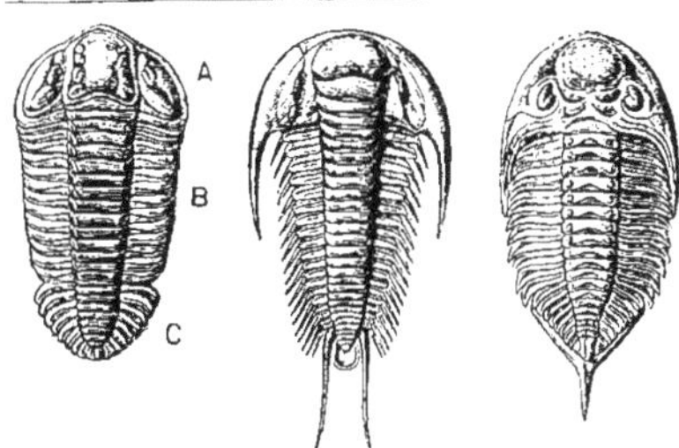

Fig. 88. — Trois formes différentes de *Trilobites* : A, tête ; B, thorax ; C, pygidium.

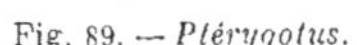

Fig. 89. — *Ptérygotus.*

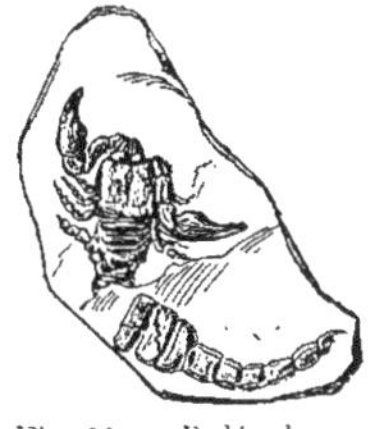

Fig. 90. — *Paléophone.*

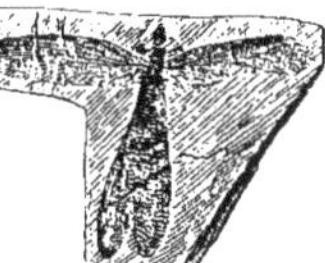

Fig. 91. *Libellule* géante.

50. **Articulés, Trilobites.** — Les Articulés les plus importants de l'ère primaire sont les *Trilobites*. Une division longitudinale du corps en trois lobes justifie leur nom. Transversalement ils étaient encore divisés en trois parties : la tête, le thorax et l'abdomen ou pygidium (*fig.* 88) ; le thorax et l'abdomen étaient formés d'anneaux qui permettaient à ces animaux de s'enrouler sur eux-mêmes comme des cloportes. La face ventrale était garnie de nombreux appendices disposés par paires et dont les uns étaient des pattes et les autres des appareils respiratoires. Le crustacé actuel qui ressemble le plus aux trilobites est la Limule ou crabe des îles Moluques. Les Trilobites habitaient la mer et se déplaçaient en nageant au moyen de leurs appendices. Les géologues en ont compté 1 700 espèces différentes ; ils ont pu suivre leur constante évolution, et comme chaque espèce est toujours localisée au même niveau, elle indique très exactement l'âge du dépôt qui la contient. A côté des Trilobites vivaient d'autres Crustacés de grande taille : le *Ptérygotus* dévonien (*fig.* 89) présentait une longueur de 1m,80.

Les Arachnides sont représentés par un scorpion : le *Paléophone* (*fig.* 90), le plus ancien des animaux à respiration aérienne. Enfin, les Articulés offrent encore de nombreux Insectes ; mais ceux qui ne peuvent vivre qu'en butinant les fleurs n'existent pas encore, faute de fleurs. Les Insectes primaires sont des Libellules (*fig.* 91), des Blattes, des Sauterelles ; il existait une Libellule dont l'envergure était égale à 0m,70.

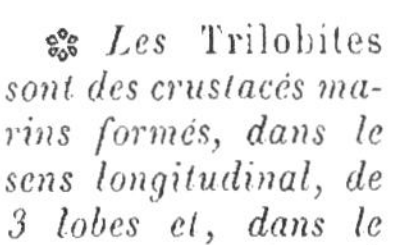

❀ *Les* Trilobites *sont des crustacés marins formés, dans le sens longitudinal, de 3 lobes et, dans le sens transversal, de 3 parties : tête, thorax et abdomen. Les Trilobites étaient nageurs et pouvaient s'enrouler. Les* Insectes *primaires (Libellules, Blattes) sont déjà nombreux.*

51. **Poissons.** — Les Poissons sont les plus anciens de tous les vertébrés ; deux groupes se manifestèrent durant l'ère primaire : les Placodermes d'abord, les Ganoïdes ensuite. Comme leur nom l'indique, les Placodermes avaient la peau recouverte de plaques osseuses ; aussi les désigne-t-on parfois sous le nom de poissons cuirassés. Leur colonne vertébrale n'était pas complètement ossifiée et leur queue était hétérocerque, c'est-à-dire formée de deux lobes très inégaux. L'aspect de ces animaux devait être bien singulier et rappelait certains crustacés apparus avant eux. Le mieux armé paraît être le *Céphalaspis*, car ses nageoires étaient cuirassées et articulées ; les autres genres les

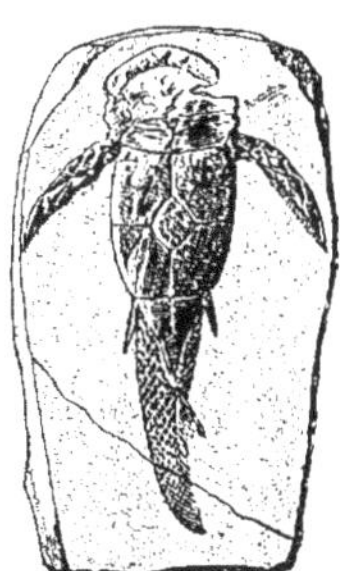

Fig. 92. — *Ptérichtys.*

Fig. 93. — *Paléoniscus.*

plus connus du groupe étaient : *Ptérichthys* (*fig.* 92), *Ptéraspis, Coccosteus*, etc.

Les Ganoïdes, tels que les *Paléoniscus* (*fig.* 93), marquent un progrès sur les premiers; néanmoins ils sont encore bien inférieurs aux ganoïdes actuels, à l'Esturgeon, par exemple. La colonne vertébrale non ossifiée et la queue hétérocerque les rapprochent des précédents, mais ils ont la peau recouverte d'écailles; il est vrai que ces écailles sont osseuses, résistantes et brillantes; elles se sont parfaitement conservées dans les terrains, et c'est pourquoi les schistes ont fourni tant de beaux échantillons aux collections. Les Poissons primaires présentaient sur la tête un vide appelé *trou pariétal*, et dans lequel se trouvait un œil impair ou œil *pinéal*.

❀ *Les Poissons primaires ont la queue hétérocerque et la colonne vertébrale incomplètement ossifiée. Ce sont les* Placodermes *ou Poissons cuirassés, dont la peau était recouverte de plaques osseuses* (*Céphalaspis, Ptérichthys*), *et les* Ganoïdes, *recouverts d'écailles.*

52. **Batraciens, Reptiles.** — De même que les plus anciens Poissons primaires rappellent les Crustacés qui les ont précédés, de même les premiers Batraciens rappellent les Poissons que nous venons de décrire par plusieurs caractères anatomiques : plaques osseuses, dentition, trou pariétal. Un anneau osseux, dit *anneau sclérotique,* entourait l'œil; la colonne vertébrale n'était pas complètement ossifiée et les vertèbres étaient biconcaves. Leur forme générale se rapprochait de celle de nos salamandres. Ces Batraciens ont été assez bien étudiés; on a pu suivre leur développement; on connaît même leurs larves, qui étaient aquatiques, comme celles des espèces actuelles. C'est ainsi que le petit *Protriton* (*fig.* 94) des schistes d'Autun est la larve ou têtard du *Branchiosaure* (*fig.* 95) ou de l'*Actinodon* (*fig.* 96). Ce dernier, dont la longueur moyenne atteint 80 centimètres, était le plus grand animal de la fin des temps primaires. Citons encore l'*Archégosaure*. C'est à la fin de l'ère primaire que sont apparus les premiers Reptiles; ils présentaient à leur tour plusieurs des caractères de leurs prédécesseurs Batraciens, et, si nous connaissions toutes les espèces de Crustacés, Poissons, Batraciens et Reptiles de cette ère, nous retrouverions probablement les différents degrés de leur évolution.

❀ *La forme des* Batraciens *primaires était analogue à celle de nos Salamandres. Le Protriton est la larve du Branchiosaure ou de l'Actinodon. Les* Reptiles *sont apparus à la fin de l'ère. On suit à peu près l'*évolution *de ces animaux depuis les premiers Crustacés.*

53. **Végétaux primaires.** — La végétation primaire est presque entièrement composée de Cryptogames, car les débris de Phanérogames (Conifères, Cycadées) sont assez rares.

Les Lycopodes, réduits aujourd'hui à de petites plantes herbacées et rampantes, étaient

Fig. 94. *Protriton.*

Fig. 95. — *Branchiosaure.*

Fig. 96. — *Actinodon.*

représentés à cette époque par des espèces arborescentes dont la hauteur variait de 20 à 30 mètres; on trouve encore leurs tiges couvertes de cicatrices régulièrement disposées et correspondant chacune à la chute d'une feuille. Chez les *Lépidodendrons* (*fig.* 97), les cicatrices sont en losange; chez les *Sigillaires* (*fig.* 98 et 99), elles sont ovales. Les Prèles, également de petite taille de nos jours, atteignaient aux temps primaires une hauteur presque égale à celle des Lycopodes; c'étaient les *Calamites* (*fig.* 100), dont la tige était finement cannelée. Les *Fougères* (*fig.* 101) collaboraient par le nombre de leurs espèces à la beauté des forêts; leurs feuilles, admirablement découpées, apparaissent en noir brillant dans la roche que l'on vient de fendre; les schistes et grès houillers, notamment, ont enrichi les musées de leurs précieuses empreintes. Vers la fin des temps primaires se manifestèrent des végétaux plus perfectionnés, qui marquèrent l'apparition des Gymnospermes; c'étaient des *Cordaïtes* (*fig.* 102), des *Walchia* (*fig.* 103). Toutes ces plantes ont contribué à la formation de la houille. Au règne végétal appartient encore une profusion de *Bactéries* qui travaillaient à la décomposition des végétaux morts et que le microscope révèle aux paléontologistes.

❀ *Les végétaux primaires sont presque tous des Cryptogames : les* Lépidodendrons *et les* Sigillaires *étaient des Lycopodes géants; les* Calamites *étaient des Prèles de grande taille; les* Fougères *arborescentes étaient abondantes.*

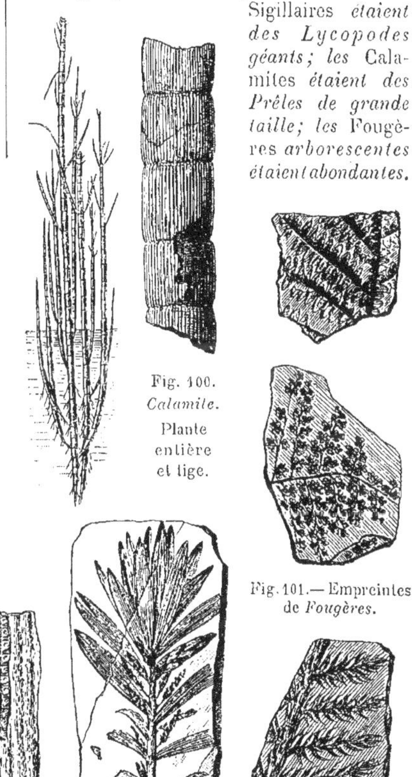

Fig. 100. *Calamite.* Plante entière et tige.

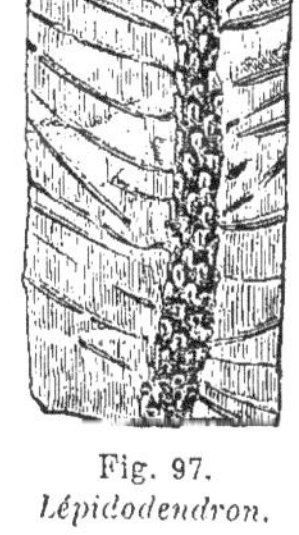

Fig. 97. *Lépidodendron.*

Fig. 101.— Empreintes de *Fougères.*

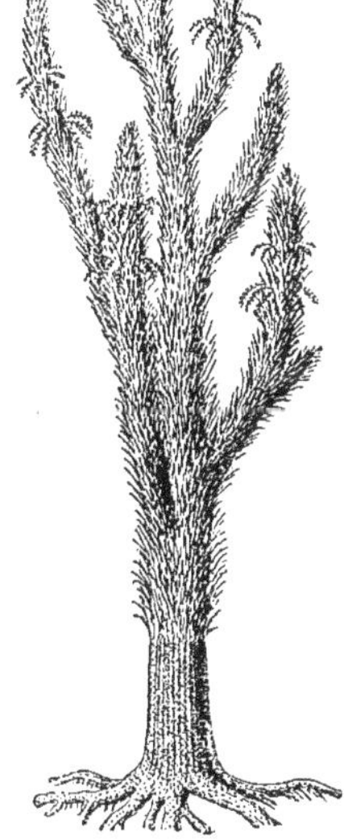

Fig. 98. — *Sigillaire.* (Reconstitution de la plante.)

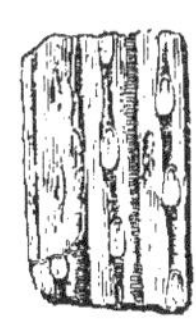

Fig. 99. Tiges de *Sigillaires* avec *cicatrices.*

Fig. 102. — *Cordaïte.*

Fig. 103. — *Walchia.*

54. Gisements de houille. — Les gisements de houille, que l'on a suffisamment étudiés, sont apparus comme faisant partie de deltas, et souvent il s'agit de deltas lacustres. Dans ce cas, les matériaux variés apportés par un cours d'eau se déposent en eau calme selon leur densité : les cailloux se précipitent

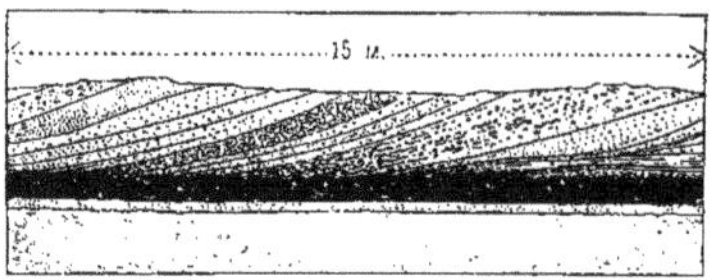

Fig. 104. — Couche de *houille* recouverte par les alluvions dans un delta.

d'abord, les graviers ensuite, puis les sables, enfin les corps légers ou flottants dont la chute est lente, tels que végétaux; ceux-ci, portés plus loin, se sont déposés sur les fonds; ils n'ont été recouverts qu'au fur et à mesure de la progression du delta et s'y sont *carbonisés* à l'abri de l'air (*fig.* 104). Avec le temps, les cailloux sont devenus des conglomérats, les sables des grès, les limons argileux des schistes, et les végétaux du charbon.

Le végétation houillère était aérienne, c'est-à-dire terrestre, mais elle recherchait les terrains bas et humides, le voisinage immédiat des cours d'eau; il en résultait que chaque élévation de niveau, chaque inondation, arrachait et entraînait une masse énorme de plantes qui allaient se carboniser au fond des eaux.

❀ *La houille résulte de l'accumulation et de la* carbonisation *de végétaux arrachés par des cours d'eau à leurs rives, puis transportés et abandonnés à des* deltas *marins ou lacustres. Le charbon s'y trouve associé à des schistes, grès et conglomérats représentant les* alluvions *de ces cours d'eau.*

55. Distribution de la houille. — La plus grande masse de terrain houiller intéressant la France est située sur la frontière franco-belge. Le bassin le plus important, celui de Mons (Belgique), contient 156 veines de houille, dont les plus riches ont 1m,60 d'épaisseur; on a reconnu la présence de 85 couches de houille à Liége et de 82 à Charleroi (Belgique). Le bassin français de Valenciennes (Nord) comprend les houillères d'Anzin, d'Aniche, etc.; on y compte 70 couches de combustible dont l'épaisseur atteint parfois 1m,50. Du même âge sont les houillères de Cardiff, en Grande-Bretagne; puis celles de la Ruhr, de la Sarre et de Silésie, en Allemagne; la houille du bassin de la Ruhr offre une épaisseur totale de 111 mètres de houille, divisée en 145 couches.

Dans le Massif-Central, il s'agit de dépôts un peu moins anciens; on y remarque les mines de Rive-de-Gier avec 4 couches de charbon, de Saint-Chamond avec 10 ou 12 couches, de Saint-Étienne avec 8 ou 9 couches, puis les petits bassins d'Autun, Épinac, Blanzy, le Creusot (Saône-et-Loire), Decize (Nièvre), Commentry (Allier), Champagnac (Cantal), La Grand'Combe (Gard), Carmaux (Tarn), Decazeville (Aveyron), etc. Commentry et Decazeville représentent le remplissage de lacs; tous les détails de la stratification en ont été relevés avec soin.

❀ *Les principaux* bassins houillers *sont ceux de la frontière franco-belge* (*Mons, Charleroi, Valenciennes*), *de la Grande-Bretagne* (*Cardiff*), *de l'Allemagne* (*Ruhr, Sarre*). *Les gisements français moins importatns sont nombreux : Rive-de-Gier, Saint-Étienne, Commentry, Carmaux, Decazeville, etc.*

56. Extraction de la houille. — On extrait la houille à *ciel ouvert*, comme à Decazeville et Commentry, ou bien en *souterrain*, comme dans la plupart des mines. La méthode souterraine exige le forage de puits verticaux souvent très profonds; des galeries horizontales (*fig.* 106) s'ouvrent à différents niveaux de ces puits et vont atteindre les couches de charbon. Celles-ci sont rarement très épaisses (*fig.* 105) : les plus riches ont quelques mètres; mais elles occupent souvent une grande étendue. Elles sont stratifiées avec des schistes qui les supportent (mur) et les recouvrent (toit). Les galeries sont boisées avec soin, en vue de la solidité de la voûte et des parois.

Toute la houille abattue est transportée aux puits où des bennes ne cessent de la monter au jour et de descendre des matériaux de remblayage pour les galeries abandonnées.

L'extraction de la houille dans les mines offre de graves dangers et toutes les précautions prises en vue de les conjurer n'ont pas encore amené la suppression des catastrophes. Le *grisou*, ou protocarbure d'hydrogène, est un gaz qui se dégage de la houille au cours de l'abatage et qui, réuni à l'air dans une certaine proportion, constitue un mélange détonant ; l'explosion peut alors résulter de la moindre imprudence des mineurs; la lampe de sûreté est uniformément employée et destinée à éviter les dangers du grisou. La *fine poussière* de charbon mélangée à l'air peut également s'enflammer : en 1906, l'épouvantable catastrophe de Courrières (Pas-de-Calais), qui fit 1 100 victimes, n'eut pas d'autre cause.

❀ *Les mines de* houille *sont ordinairement souterraines ; elles se composent de* puits *verticaux munis de bennes et desquels partent des* galeries *horizontales soutenues par des boisages. Les mineurs doivent y craindre le* grisou *et la* fine poussière *de charbon mélangée à l'air.*

Fig. 105. — Abatage de la *houille* en couche mince.

57. **Usages de la houille.** — Les pays riches ne sont pas les pays d'or, ce sont les pays de houille ou de fer, et surtout ceux où l'on trouve voisines l'une de l'autre ces deux substances sans lesquelles de nombreuses industries n'existeraient pas. C'est la production de la *vapeur* qui emploie la plus grande partie de la houille; on peut évaluer cette consommation au tiers de la quantité extraite. Les chemins de fer et la marine en dévorent un cube considérable; l'industrie, la métallurgie, le chauffage et l'éclairage brûlent le reste.

La distillation de la houille pour la fabrication du *gaz* d'éclairage se fait dans de grandes *cornues* en terre réfractaire, groupées au nombre de sept à treize dans un grand four chauffé par un seul foyer. Ces groupes se succèdent et forment d'importantes *batteries* qui fonctionnent sans arrêt. Le gaz qui se dégage au cours de la distillation passe par plusieurs appareils successifs dans lesquels il s'épure de plus en plus. Les résidus sont le coke utilisé comme combustible, le charbon de cornue employé dans l'électricité, les eaux ammoniacales qui fournissent le sulfate d'ammoniaque, engrais précieux pour l'agriculture, et le goudron de houille dont les dérivés sont nombreux : benzine, acide phénique, aniline, naphtaline, etc. La benzine fournit la nitrobenzine ou essence de mirbane, utilisée en parfumerie et en confiserie, notamment pour la fabrication des bonbons anglais. L'aniline est le point de départ d'une série de merveilleuses couleurs : rouges Magenta et Solférino, vert lumière, bleus et violets d'aniline, etc.

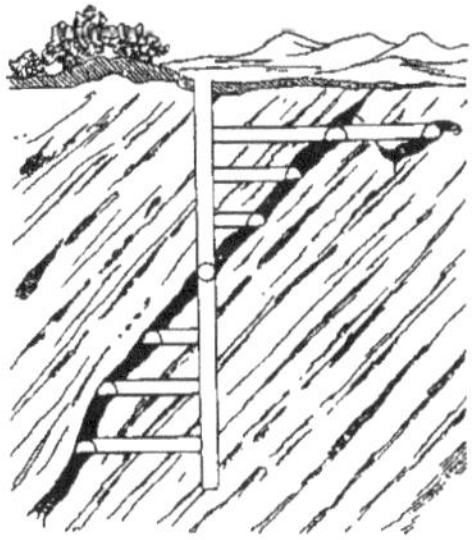

Fig. 106. — Coupe d'une *mine de houille*.

❀ *La* houille *extraite dans le monde est employée par les chemins de fer, la marine et l'industrie pour la production de la* vapeur; *puis par la métallurgie, le chauffage, etc. On la distille pour obtenir le* gaz d'éclairage *et l'on en retire des résidus précieux : coke, eaux ammoniacales, goudron, etc.*

Fig. 107. — Ère *Primaire;* Système *Précambrien* : Schistes du Rocher de Granville (Manche).

SIXIÈME CONFÉRENCE

ÈRE PRIMAIRE

58. **Divisions; Précambrien.** — Comme nous l'avons dit plus haut (**44**), l'énorme masse des terrains sédimentaires a été divisée en Ères et en périodes ou *Systèmes.* Nous laisserons de côté les subdivisions en *étages* et nous nous contenterons de décrire rapidement chacun des systèmes. L'ère primaire comprend cinq systèmes, qui sont, de bas en haut : *Précambrien, Silurien, Dévonien, Carboniférien* et *Permien.*

Le Système Précambrien renferme des formations de *transition;* ce sont les premières roches sédimentaires indiscutables, les plus anciennes de la série géologique; elles sont privées de fossiles reconnaissables, reposent sur les roches archéennes et se présentent presque toujours sous forme de schistes à éléments cristallins, puis de quartzites, de poudingues. Ces dépôts évidemment détritiques, mais très métamorphisés, marquent donc le passage entre les roches cristallophylliennes et les sédiments fossilifères qui doivent leur succéder. Le système Précambrien est très développé en France, et particulièrement dans le Cotentin et la Bretagne; ses dépôts constituent une grande partie du département de la Manche (schistes dits Phyllades de Saint-Lô, *fig.* 107); il occupe le nord de la Bretagne partout où n'affleure pas le granite. Au sud de la Loire, il couvre une grande partie de la Vendée; on le retrouve encore dans le Massif-Central (Talcschistes des Cévennes) et dans la chaîne des Pyrénées.

✿ *Le Système* Précambrien *repose sur les roches archéennes; il ne contient pas de fossiles reconnaissables et présente des caractères de* transition. *Il est très développé en Cotentin, Bretagne, Vendée, Massif-Central, Pyrénées.*

59. **Paléogéographie; Érosion.** — On a cherché depuis quelques années à dresser des cartes géographiques représentant les formes probables des continents et des mers aux différentes époques géologiques ; c'est là un exercice qui, dans l'état actuel de nos connaissances, ne peut rien donner de suffisamment sérieux. Il ne faut pas oublier que les matériaux nécessaires à la confection de telles cartes nous échappent presque complètement. Lorsque nous envisageons une époque géologique quelconque, nous n'avons pour nous documenter que les lambeaux visibles du terrain qui nous intéresse; on se contente

alors de réunir ces lambeaux par des lignes hypothétiques et l'on qualifie le résultat de carte; c'est là une méthode un peu légère, car l'immense étendue de la plupart des dépôts est presque entièrement cachée par des dépôts plus récents. Une raison plus décisive encore commande la prudence : c'est l'ignorance dans laquelle nous resterons toujours des terrains que l'érosion a pu faire disparaître. N'oublions pas que les agents d'érosion ont rasé des massifs montagneux, qu'ils ont dévoré des pays entiers et qu'ils ont dissous à la surface des continents des masses énormes dont on retrouve parfois quelques infimes témoins. Enfin les mers se sont maintes fois déplacées au cours d'une seule période, et il en résulte un va-et-vient qui s'est tant de fois répété que la description en serait, à notre avis, fastidieuse et très peu instructive. Dans de telles conditions, nous serons très sobres en paléogéographie.

❀ *Les cartes* paléogéographiques *devraient représenter les différentes géographies du passé. L'ignorance de la forme des dépôts* cachés *et de l'importance des dépôts* disparus *commande aux géologues la plus grande prudence.*

60. **Système Silurien.** — Les formations Siluriennes se dégagent insensiblement du terrain précambrien. C'est au sein de ces dépôts que l'on trouve les premiers débris organiques certains. On y remarque aussi une série de roches plus complète; les phénomènes de dénudation et d'érosion, en démolissant les assises préexistantes, en ont remanié les éléments; l'appoint des débris organiques est venu apporter dans ces dépôts des matériaux nouveaux donnant lieu à des roches nouvelles qui déjà se rapprochent sensiblement de roches beaucoup plus récentes. Grès, schistes, argiles, poudingues, calcaires pétris de débris fossiles constituent les formations composant le Système Silurien.

Fig. 108.
Graptolite.

La mer silurienne semble avoir recouvert ou à peu près toute l'Europe occidentale : Scandinavie, Allemagne, Grande-Bretagne, France et Espagne (V. Planche, p. 52). Il faut y ajouter une grande partie de l'Amérique Septentrionale; le nord de l'Atlantique était occupé par un continent.

Au point de vue paléontologique, le Système Silurien est caractérisé par les *Graptolites* (*fig.* **108**), polypiers décrits plus haut (**48**), et par de nombreuses espèces de *Trilobites.* Ajoutons d'ailleurs que c'est au cours de cette période que ces Crustacés se sont manifestés avec la plus grande richesse de formes. Parmi les formations siluriennes, citons les Ardoises de Fumay et de Revin (Ardennes), les Poudingues pourprés et le Grès armoricain de l'ouest de la France (*fig.* 75), les Ardoises d'Angers (*fig.* **109**), les Schistes ampéliteux (noirs et pyriteux) de Normandie, etc.

❀ *Le Système* Silurien *contient les premiers organismes certains; les fossiles caractéristiques de cette période sont les* Graptolites. *Les Trilobites sont très nombreux. Les Ardoises des Ardennes et de l'Anjou, le Grès armoricain, sont siluriens.*

61. **Extraction de l'ardoise.** — C'est près d'Angers, dans une région dont le centre principal est Trélazé, que s'extrait l'ardoise silurienne. Depuis l'abandon de ces vastes carrières à ciel ouvert que l'on appelait *perrières*, différentes méthodes souterraines ont été successivement adoptées. La dernière, celle qui comporte un maximum de bénéfices avec un minimum de dangers pour les ouvriers, se pratique en *remontant* avec les remblais sous les pieds; on attaque donc la *voûte* au lieu d'attaquer le fond. Dans ce but, on fore dans le schiste de mauvaise qualité et au voisinage de la bonne roche un puits vertical de 150 à 300 mètres de profondeur. Lorsque ce premier travail est terminé, on creuse à la base du puits une galerie horizontale parallèlement à la veine d'ardoise; de cette galerie partent ensuite, de distance en distance, des petites galeries secondaires qui atteignent l'ardoise à extraire. On creuse alors, à l'extrémité de chacune de ces dernières, une vaste *chambre* dont on abat la

Fig. 109. — Exploitation souterraine des Ardoises *Siluriennes*, aux environs d'Angers (Maine-et-Loire).

voûte par *tranches* successives et que l'on remblaye toujours sous les pieds (*fig.* 109); l'abatage se pratique à la dynamite. Des wagonnets transportent les blocs par les galeries et sont amenés à la surface du sol par le puits. Les blocs extraits sont alors débités, fendus en lames minces, découpés à la grandeur convenable, puis expédiés. L'ardoise de l'Anjou est employée pour la couverture des maisons et le carrelage; on en fait aussi des petites briques sciées, des lavabos, des éviers, des cuves pour laboratoires, etc.

✿ *Les* ardoisières *de l'Anjou sont maintenant souterraines; elles se composent de puits verticaux desquels partent des galeries horizontales aboutissant à de vastes* chambres d'extraction. *On abat la voûte par tranches avec le remblai sous les pieds.*

62. Système Dévonien. — Les couches Dévoniennes révèlent le grand développement des Poissons, parmi lesquels plusieurs vivaient dans les eaux douces. On voit donc que le relief terrestre est déjà plus stable, la végétation aérienne commence à se fixer sur le sol émergé. Les roches calcaires prennent une très grande importance au cours de cette période et les marbres notamment constituent d'énormes assises; ils font actuellement l'objet d'exploitations très actives. Les grès et les conglomérats abondent également.

La mer dévonienne présente un notable déplacement des rivages. Citons l'émersion progressive de la Scandinavie, du Danemark et d'une partie de l'Angleterre. La France et l'Angleterre présentent des soulèvements. En revanche les eaux ont envahi une grande portion de la Russie, l'Oural et tout le nord de l'Afrique; il en est de même d'une grande partie de l'Amérique du Nord.

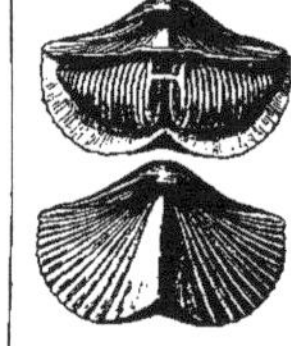

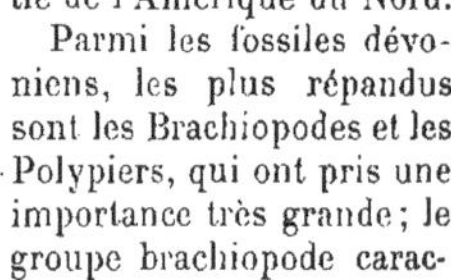

Fig. 110. *Spirifère.* En haut : coquille ouverte.

Parmi les fossiles dévoniens, les plus répandus sont les Brachiopodes et les Polypiers, qui ont pris une importance très grande; le groupe brachiopode carac-

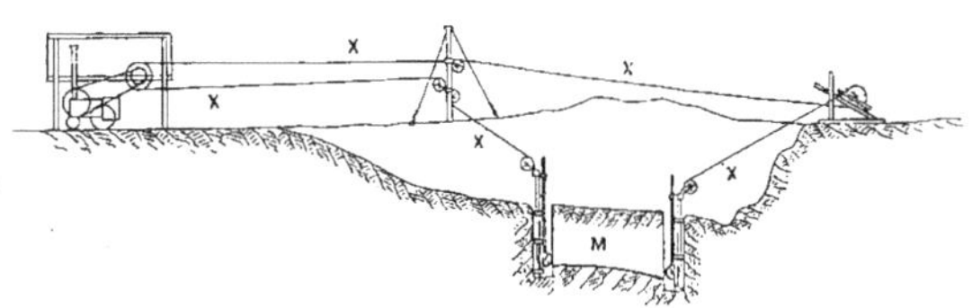

Fig. 111. — Dispositif du *fil hélicoïdal* X X, qui scie et détache une masse de marbre M, en déplaçant du sable siliceux humide.

téristique de cette période est représenté par les *Spirifères* (*fig.* 110). Parmi les principales formations dévoniennes, on peut citer le Grès d'Anor (Nord), les Schistes de Plougastel (Finistère), le Calcaire de Givet (Ardennes) et de nombreux marbres grossiers ou propres à la décoration, et que l'on exploite dans les Pyrénées, par exemple.

❀ *Le Système* Dévonien *marque le développement des Poissons, des Brachiopodes et des Polypiers. Les fossiles caractéristiques de cette période sont les* Spirifères. *Le Calcaire de Givet et les marbres exploités dans les Pyrénées sont Dévoniens.*

63. **Extraction du marbre.** — Nous parlerons ici de l'exploitation de cette roche, parce que le système dévonien en contient beaucoup; mais ce que nous en dirons s'applique aussi bien à tous les marbres destinés à la décoration. Dans les Pyrénées on trouve deux marbres très utilisés : le *Griotte* qui est rouge et le *Campan* qui est vert. Dans le Boulonnais on extrait une variété gris rose dite *Napoléon* et des variétés rougeâtres dites *Henriette* et *Caroline*. Les beaux marbres *Bleu turquin*, *Bleu fleuri*, *Jaune antique* et *Portor* sont exploités en Italie, etc.

On extrait le marbre en grands blocs, en parallélipipèdes, par le procédé de la *scie hélicoïdale* (*fig.* 111), corde sans fin formée d'un triple fil d'acier tordu en hélice et déplaçant continuellement du sable siliceux mouillé. C'est le sable transporté par la corde qui attaque le marbre et le scie. Le bloc extrait, transporté dans la marbrerie, est placé dans le châssis à scier dont la disposition permet de diviser un gros bloc en quatre-vingts tranches bien droites et parallèles; là encore c'est le sable siliceux mélangé d'eau qui agit. Les colonnettes de marbre s'ébauchent au ciseau et se terminent au tour.

Les différentes opérations du polissage sont l'égrisage par lequel on aplanit le marbre, le rabot qui consiste à le frotter à la pierre de Gothland et à l'émeri, l'adouci qui se fait à la pierre ponce, le piqué qui se pratique à la limaille de plomb mélangée de boue d'émeri, et le lustré pour lequel on emploie la potée d'étain.

❀ *Les* marbres *destinés à la décoration sont extraits au moyen de la* scie hélicoïdale *sous forme de parallélipipèdes. Le* châssis à scier *les divise en un grand nombre de tranches ou lames qui passent ensuite au polissage.*

64. **Système Carboniférien.** — Cette période est avant tout caractérisée par le développement prodigieux d'une végétation qui va modifier considérablement la composition de l'atmosphère en diminuant sa teneur en acide carbonique. L'air va devenir plus respirable pour les animaux terrestres qui vont pouvoir se multiplier, et, en effet, c'est vers la fin des temps carbonifériens que sont apparus de nombreux Insectes et les premiers Batraciens.

Les mers qui, au commencement de cette période, couvraient encore une partie de l'Europe occidentale (V. Pl. hors texte, p. 52), reculent vers l'Orient, couvrant la Russie et une bonne partie de l'Asie. En Afrique, le Sahara est partiellement au fond des eaux.

Signalons dans le Système Carboniférien l'abondance des plantes Cryptogames. Les Brachiopodes nettement caractéristiques sont ceux du genre *Productus* (*fig.* 112).

Les formations principales de cet âge sont le *Calcaire* dit *Carbonifère*, qui constitue des dépôts très importants en Belgique; certains marbres du Pas-de-Calais; puis les nombreux gisements de houille énumérés plus haut (**55**).

❀ *Le Système* Carboniférien *marque le développement d'une végétation composée de Cryptogames; les fossiles caractéristiques de cette période sont les* Productus. *Le Calcaire dit Carbonifère et la plupart des dépôts de houille d'Europe sont de cet âge.*

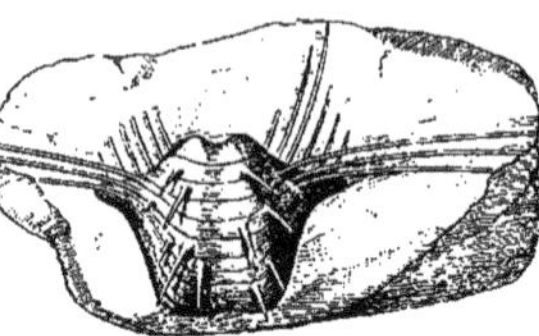

Fig. 112. — *Productus.*

65. **Système Permien.** — Les formations Permiennes ont été considérées fort longtemps comme faisant partie du terrain carboniférien; aussi formaient-elles avec ce dernier un ensemble que l'on désignait sous le nom de terrain Permo-carbonifère. C'est l'importance très grande des couches de cet âge en certains pays étrangers qui a poussé les géologues à en faire une grande division.

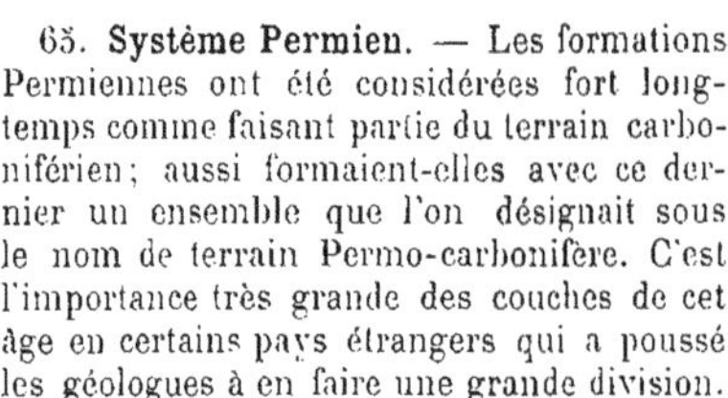

La mer Permienne occupe une partie de la Russie, et l'Allemagne est recouverte de grandes lagunes qui projettent quelques lambeaux en France.

Deux événements paléontologiques se produisent : l'apparition des Reptiles et l'extinction complète des Trilobites.

La région permienne la plus intéressante de France est celle d'Autun (Saône-et-Loire); la puissance des dépôts y atteint 1 200 mètres. Ils sont formés de schistes bitumineux et d'une substance charbonneuse appelée *boghead.* Ces roches y sont activement exploitées. On observe également en ce pays un merveilleux gisement de bois silicifié qui commence à s'épuiser, mais qui a enrichi maintes collections. En dehors du bassin d'Autun, des couches permiennes composées de schistes, grès, poudingues, calcaires noirs, existent en quelques points : Bourbonnais, Limousin, Pyrénées, Provence, etc.

❀ *Le Système* Permien *marque l'apparition des Reptiles et l'extinction des Trilobites. Les schistes bitumineux, le* bog-head *et les bois silicifiés de la région d'Autun sont permiens.*

66. **Soulèvements Primaires.** — Trois soulèvements importants se sont produits au cours des temps primaires et il est intéressant de constater que chaque ligne de relief s'est formée au *sud* de la précédente. La première, dite chaîne *Huronienne,* s'est manifestée aux temps précambriens depuis la région du Lac Huron (Amérique du Nord) jusqu'en Asie, en se maintenant dans les régions boréales. C'est à la fin de la période silurienne que commença le soulèvement d'une chaîne de montagnes dite *Calédonienne;* il se poursuivit durant une partie des temps dévoniens. Ce nouveau relief traversait l'Océan Atlantique nord, l'Écosse (monts Grampians), la Scandinavie septentrionale et la Russie (V. Pl. hors texte, p. **52**); les terrains actuellement visibles sur le trajet de cette chaîne sont extrêmement plissés : ils en représentent les ruines.

La chaîne Calédonienne était déjà bien délabrée lorsque se produisit, durant la seconde moitié des temps carbonifériens, une troisième chaîne dite *Hercynienne.* Celle-ci intéressait l'emplacement actuel de la France et de l'Allemagne; les reliefs de la Bretagne, des Ardennes, des Vosges (*fig.* **113**), de la Forêt-Noire et du Hartz en représentent les ruines (V. Pl. hors texte, page 68). Beaucoup plus tard, et au cours de l'ère Tertiaire, nous verrons la grande masse des Alpes se soulever plus au sud encore (**102**).

Ces différentes dislocations de l'écorce terrestre, et les phénomènes éruptifs qui en résultèrent, entraînèrent la venue de substances métallifères parfois très abondantes et qui sont exploitées en une foule de lieux.

❀ *Trois chaînes de montagnes se sont soulevées du nord au sud, durant l'ère primaire : la chaîne* Huronienne *dans les régions boréales, la chaîne* Calédonienne *en Écosse et Scandinavie, et la chaîne* Hercynienne *en France et Allemagne (Bretagne, Ardennes, Vosges, Hartz).*

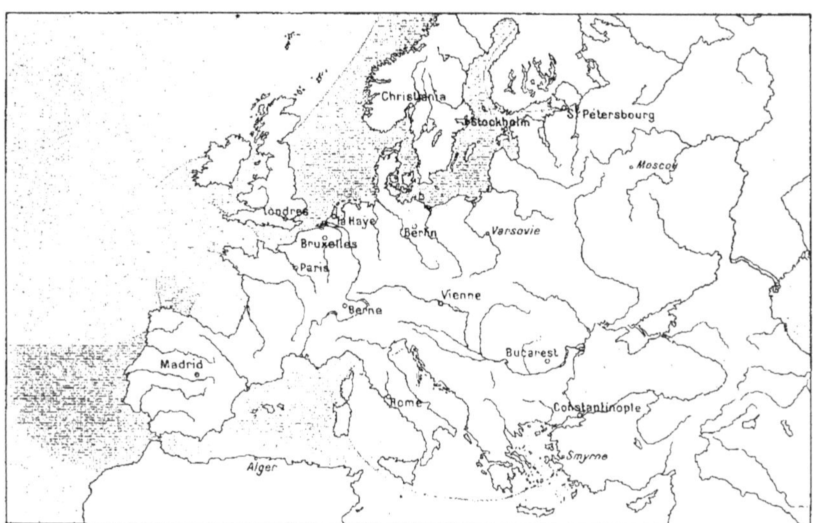

DESSIN APPROXIMATIF DES MERS DU SILURIEN MOYEN.

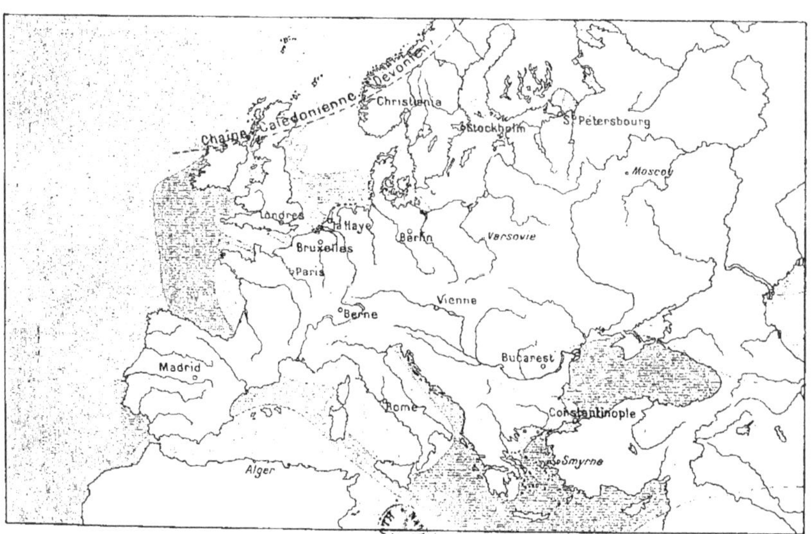

DESSIN APPROXIMATIF DES MERS DU CARBONIFÉRIEN INFÉRIEUR.

Fig. 113. — Soulèvements Primaires : Les *Vosges* françaises et les lacs.

67. **Éruptions Primaires.** — Nous venons de voir que l'activité interne fut très grande aux temps primaires ; les ruptures déterminées par les grands soulèvements furent immédiatement remplies par les matières en fusion. Ces matières s'épanchèrent souvent à la surface du sol comme les laves des volcans actuels, mais l'érosion a détruit depuis bien longtemps les cônes et les cratères de cette époque ; les roches qui en résultent n'apparaissent qu'en massifs plus ou moins volumineux, en nappes disposées entre deux assises, ou en filons, c'est-à-dire en injections dans les cassures de l'écorce terrestre.

En France, le Cotentin et la Bretagne sont lardés de roches éruptives d'âge primaire. Le Granite dit de Vire, qui traverse le département de la Manche de l'ouest à l'est, s'est introduit dans des schistes précambriens ; c'est cette roche qui est communément employée pour les bordures des trottoirs de Paris. La Granulite du Mont-Saint-Michel et de Tombelaine est à peine moins ancienne. Citons encore le beau Granite à grands cristaux de Rostrenen (Côtes-du-Nord), les pittoresques chaos granitiques de Huelgoat et de Saint-Herbot, Finistère (*fig.* 115), la granulite de la Pointe du Raz (*fig.* 114) et de la Presqu'île de Quiberon (Morbihan). On trouve dans les Vosges des granulites et des porphyres primaires. Il

Fig. 114. — Éruptions Primaires : *Granulite* de la Pointe du Raz.

en est de même du Massif-Central. Les beaux chaos du pays de Sidobre (Tarn) sont granulitiques. On a enfin relevé de nombreuses éruptions de cet âge dans les Alpes et les Pyrénées.

Indiquons ici que les *chaos* granitiques représentent la dénudation, par le ruissellement, des blocs solides conservés dans l'*arène*. L'arène est une roche meuble résultant de l'altération des granites; la décomposition du feldspath suffit pour produire cet état meuble.

Fig. 115. — Éruptions Primaires : *Granite* de Saint-Herbot.

❀ *Les soulèvements primaires, en disloquant l'écorce terrestre, ont provoqué de nombreuses* éruptions volcaniques; *les Granites de Vire, de Rostrenen, de Huelgoat; les Granulites du Mont-Saint-Michel, de la Pointe du Raz et du Sidobre sont primaires.*

VI. — TABLEAU-RÉSUMÉ DE L'ÈRE PRIMAIRE.

ORGANISMES ESSENTIELS.	SYSTÈMES.	FOSSILES CARACTÉRISTIQ.	AFFLEUREMENTS.	FORMATIONS.	SOULÈVEMENTS.	ÉRUPTIONS.
Règne des *Trilobites*, des Céphalopodes à coquille *tétrabranches*, des Poissons *Placodermes* et des végétaux *Cryptogames*.	PERMIEN	*Protriton*. . . .	Bourbonnais, Autunois, Limousin, Aveyron, Lambeaux dans les Pyrénées, Provence.	Schistes bitumineux et *Bog-head* d'Autun.		*Granites* de Vire, de Rostrenen, du Huelgoat, de Saint-Herbot. *Granulites* du Mont-Saint-Michel, de la Pointe du Raz, de Quiberon, du Sidobre.
	CARBONIFÈRE. .	*Productus*. . . .	Bassins houillers du Centre et du Nord, Finistère, Mayenne.	Houille de France et de Belgique, Calcaire carbonifère, Marbres du Pas-de-Calais.	Chaîne Hercynienne.	
	DÉVONIEN. . . .	*Spirifères*. . . .	Belgique orientale, Allemagne occidentale, Bretagne, Pyrénées.	Marbres griottes des Pyrénées, Calcaire de Givet, Schistes de Plougastel.	Chaîne Calédonienne.	
	SILURIEN	*Graptolites*. . .	Cotentin, Bretagne, Anjou, Pyrénées, Languedoc.	Grès armoricain, Ardoises d'Angers, de Fumay et de Revin.		
	PRÉCAMBRIEN. .	*Traces*.	Cotentin, Bretagne, Anjou, Vendée, Poitou, Pyrénées.	Talcschistes des Cévennes, Phyllades de Saint-Lô.	Chaîne Huronienne.	

Fig. 116. — *Brontosaure*, reptile dinosaurien du Wyoming (États-Unis). Longueur, 23 mètres.

SEPTIÈME CONFÉRENCE

ÈRE SECONDAIRE

68. **Caractères principaux.** — Sensiblement moins importante que la masse primaire, la série Secondaire est encore considérable. Les roches qui la constituent sont moins transformées que les précédentes; elles ne présentent plus que rarement la structure cristalline. Ce sont principalement des calcaires, puis des grès et des argiles. Les fossiles essentiellement caractéristiques de cette ère sont les *Ammonites* (*fig.* 117), Mollusques de la classe des Céphalopodes. Sans être caractéristiques, les Reptiles se développent, durant cette période, avec une ampleur extraordinaire; ils y atteignent notamment une taille qu'ils n'ont jamais retrouvée depuis, et l'on peut dire ainsi que l'ère secondaire a vu, en même temps que le règne des Reptiles, celui des animaux gigantesques.

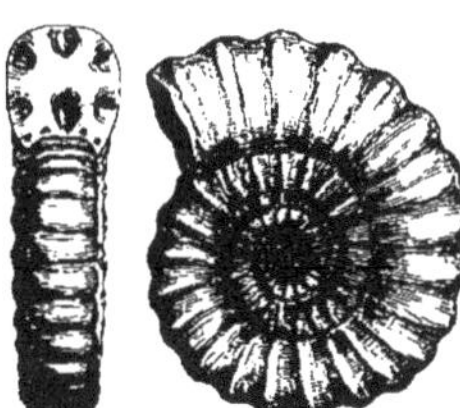

Fig. 117. — *Ammonite.*

L'étude des fossiles animaux et surtout celle des végétaux indique une modification dans le climat : la température n'est plus absolument égale dans le monde entier; les régions polaires jouissent d'une température qui n'est plus tropicale sans être encore tempérée. Certains végétaux et aussi les Polypiers constructeurs commencent à émigrer lentement vers le sud. Les affleurements Secondaires occupent une notable partie de la France; ils y forment un gigantesque 8 dont nous reparlerons en étudiant les dépôts du système jurassique (**83**).

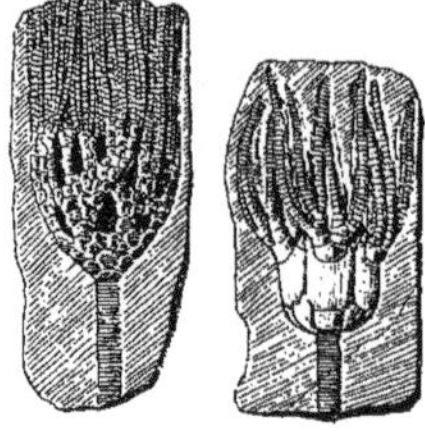
Fig. 118. — *Encrines.*

❀ *Les dépôts Secondaires sont formés de calcaires, grès et argiles. Les fossiles caractéristiques de cette époque sont les* Ammonites. *Les* Reptiles *s'y sont prodigieusement développés. Les* climats *se différencient légèrement : les polypiers et certains végétaux émigrent vers le sud.*

69. **Protozoaires, Échinodermes.** — Les Protozoaires contribuent largement au dépôt des sédiments des grands fonds. Aux Fusulines primaires succèdent des genres dont beaucoup sont très voisins des genres actuels : ce sont des formes à squelette calcaire (Foraminifères) ou à squelette siliceux (Radiolaires). Les assises crayeuses qui constituent la partie supérieure des terrains secondaires sont pétries des débris de ces animaux inférieurs.

Les Coraux, et notamment les récifs coralliens, abondent dans certaines couches; les Spongiaires sont représentés par un certain nombre d'espèces calcaires ou siliceuses.

Fig. 120. — *Ananchyte.*

Les Échinodermes apparus au cours de l'ère primaire se sont développés. Les plus curieux sont les Crinoïdes ou *Encrines* (*fig.* 118) qui se composent d'une longue tige flexible ou pédoncule, fixée aux rochers; ce pédoncule porte un disque et celui-ci porte les bras, parfois très ramifiés; l'ensemble a l'aspect d'une élégante végétation. Il existe au Muséum une plaque de schiste sur laquelle sont groupés une centaine de *Pentacrinus;* la tige du plus grand a une longueur de 17 mètres; le nombre des petits articles ou entroques qui constituent la tige et ses bras a été évalué à 5 millions. Les Encrines n'ont été longtemps connues qu'à l'état fossile, mais plusieurs espèces ont été recueillies, il y a quelques années, dans les grandes profondeurs. Les Oursins offrent une série très riche de formes : *Cidaris, Micrasters, Ananchytes* (*fig.* 119 à 121).

Fig. 119. — Baguettes de *Cidaris.*

❀ *Les terrains Secondaires fournissent des* Protozoaires (*Foraminifères, Radiolaires*) *et des récifs de* Coraux. *Les* Échinodermes *sont représentés par les Encrines, dont les bras s'épanouissent au sommet d'un long pédoncule, et par des Oursins.*

70. **Brachiopodes, Mollusques.** — Les Brachiopodes montrent moins d'espèces qu'aux temps primaires, mais les formes qui ont persisté sont représentées par des individus très nombreux; c'est le cas des *Térébratules* (*fig.* 122) et des *Rhynchonelles* (*fig.* 123).

Les Mollusques Lamellibranches ou bivalves sont plus variés qu'au cours de l'ère

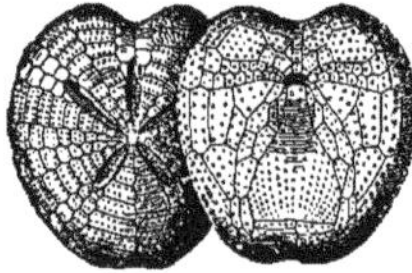
Fig. 121. *Micraster.*

Fig. 122. *Térébratules.*

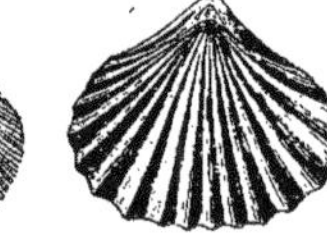
Fig. 123. *Rhynchonelle.*

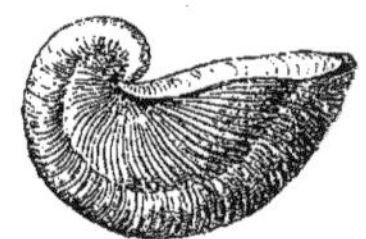
Fig. 124. *Gryphée arquée.*

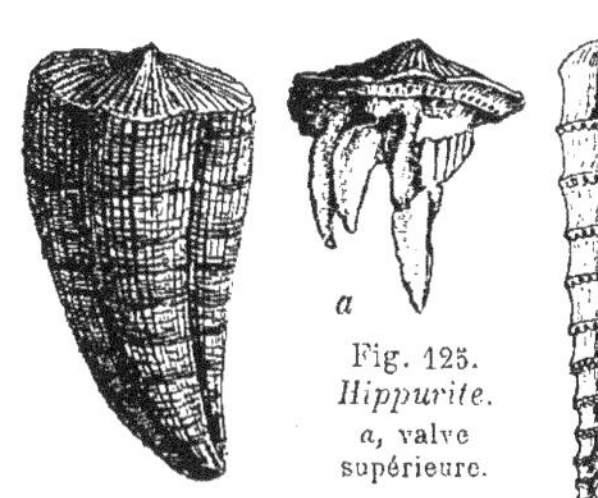

Fig. 125. *Hippurite.* a, valve supérieure.

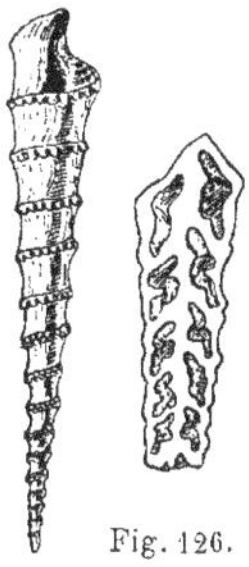

Fig. 126. *Nérinée.*

précédente. Les Huîtres et les familles voisines offrent de nombreuses formes; les *Gryphées* (*fig.* 124) sont du nombre. Un groupe très particulier de bivalves est celui des Rudistes, ainsi nommés de la rugosité de leurs coquilles. Chez ces animaux, la valve inférieure est conique; la valve supérieure, plate et légèrement convexe, joue ainsi le rôle d'un opercule ou d'un couvercle sur une corne courte et grossière. On peut citer les genres *Sphærulite*, *Hippurite* (*fig.* 125), *Radiolite*, *Caprine* (*fig.* 161), *Caprotine* (*fig.* 159), *Réquiénie* (*fig.* 160), etc. Certaines couches de craie sont pétries des restes de ce dernier genre, dont les individus se présentent parfois adhérents les uns aux autres. Les Rudistes vivaient dans les mers chaudes et peu profondes; ils formaient souvent de véritables récifs. Après avoir pris une très grande extension au milieu de l'ère secondaire, ils se sont brusquement éteints à la fin. Les Mollusques Gastéropodes se développent lentement; le genre *Nérinée* (*fig.* 126) offre quelques formes dans les couches supérieures.

✿ *Les* Brachiopodes *Secondaires sont Térébratules et Rhynchonelles. Les* Mollusques *bivalves comptent de nombreuses espèces d'Huîtres ainsi que le groupe des* Rudistes, *dont la valve inférieure est profonde et conique; l'accumulation de ces derniers formait souvent de véritables récifs.*

71. **Céphalopodes : Ammonites.** — Aux Nautiles et aux Goniatites primaires succèdent maintenant les *Cératites* (*fig.* 128) et les *Ammonites* (*fig.* 117). Ces dernières prennent au cours de l'ère secondaire une ampleur extraordinaire; le nombre considérable des espèces et leur évolution sont précieux pour fixer l'âge des couches qui les contiennent, ces couches étant toujours caractérisées par des espèces qui s'y trouvent localisées. Le nom de ces Mollusques dérive de *corne d'Ammon*, parce qu'ils rappellent les cornes enroulées de bélier qui ornaient la tête de Jupiter-Ammon. Les coquilles de cette famille sont généralement enroulées, mais il en est qui sont hélicoïdes ou complètement déroulées. La structure interne se rapproche de celle des coquilles de Nautiles, mais la ligne de suture des cloisons, qui était arquée ou ondulée chez ces derniers, est lobée chez les Go-

Fig. 127. — Dessin des cloisons d'une *Ammonite*.

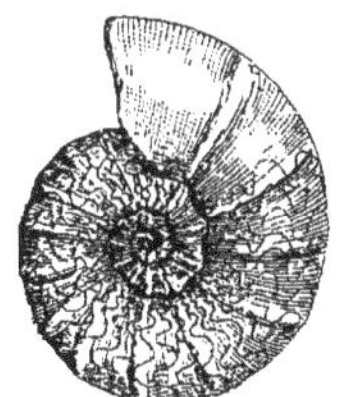

Fig. 128. *Cératite.*

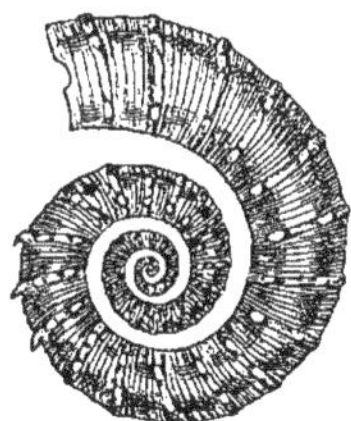

Fig. 129. *Criocère.*

Fig. 130. *Scaphite.*

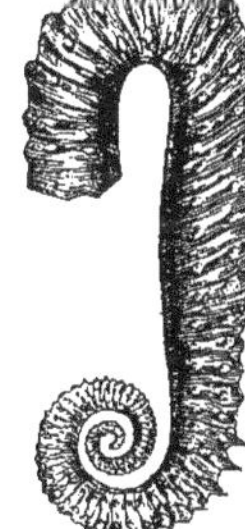

Fig. 131. *Ancylocère.*

Fig. 132. *Baculite.*

niatites, dentelée chez les Cératites, et très finement ramifiée chez les Ammonites (*fig.* 127), simulant parfois des feuillages prodigieusement découpés. Le siphon suit le bord externe de la coquille. On pense que ces mollusques étaient *dibranches*. La famille des Ammonites s'est éteinte à la fin des temps secondaires, et c'est avant cette extinction que se sont manifestés des genres plus ou moins déroulés : *Criocère* (*fig.* 129); *Scaphite* (*fig.* 130); *Ancylocère* (*fig.* 131), et aboutissant à des formes absolument droites : *Baculite* (*fig.* 132). Il est assez curieux de voir les Céphalopodes s'éteindre ainsi avec les formes qui ont caractérisé leur apparition (49). Les Ammonites ont exceptionnellement atteint une taille de plus de 1 mètre de diamètre.

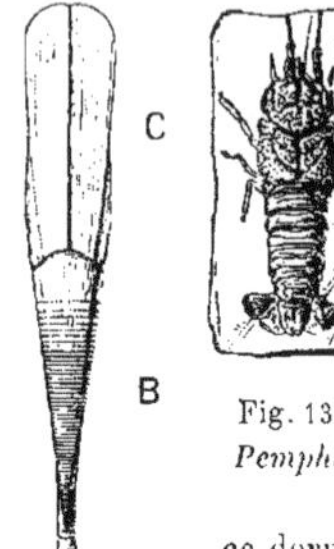

Fig. 133. *Bélemnite.*

Fig. 134. *Bélemnite.* A, rostre; B, phragmocône; C, plume.

Fig. 135. *Pemphis.*

❀ *Les* Céphalopodes *Secondaires sont les Cératites, puis les* Ammonites. *Ces dernières sont caractérisées par le dessin très finement ramifié des lignes de suture des cloisons. Elles se sont éteintes à la fin de l'ère avec des genres déroulés* (*Scaphite*) *aboutissant à des formes droites* (*Baculite*).

72. **Bélemnites, Articulés.** — Les *Bélemnites* ont également formé un groupe très important de mollusques Céphalopodes caractéristique de l'ère Secondaire. Ceux-ci ont deux branchies : ils sont *dibranches*, et ne possèdent pas de coquille externe; la plus grande partie de leur corps était molle et l'on ne retrouve de ces animaux qu'une sorte d'os interne ou *rostre* (*fig.* 133) dont la forme est celle d'un cylindre terminé d'un côté par une pointe et de l'autre par une cavité conique ou phragmocône. Le rostre se complétait d'une lame dorsale cornée, assez mince, ou plume, qui prolongeait le phragmocône (*fig.* 134); mais on ne retrouve généralement que le rostre dont la forme et la teinte plutôt sombre rappellent assez bien un cigare. Les Bélemnites, qui abondent dans certaines couches, étaient analogues aux calmars actuels; ces fossiles étaient donc carnassiers et bons nageurs. Le phragmocône, cloisonné et pourvu d'un siphon, remplissait sans doute le rôle de vessie natatoire et était surmonté d'une poche à encre; ce dernier organe a été recueilli et l'on est parvenu à en dissoudre la matière colorante dans l'alcool.

Les Articulés secondaires sont des Crustacés et des Insectes. Parmi les premiers, il y a lieu de signaler des espèces se rapprochant des Écrevisses, Langoustes actuelles : *Pemphis* (*fig.* 135). Parmi les Insectes, les broyeurs paraissent dominer; mais l'apparition des plantes phanérogames provoque celle des Insectes butineurs de fleurs : *Abeilles*, *Papillons*.

❀ *Les Bélemnites sont des* Céphalopodes *sans coquille et à os interne ou rostre, carnassiers et nageurs. Les* Articulés *secondaires sont des crustacés analogues à l'écrevisse et des Insectes; les Abeilles et les Papillons apparaissent.*

73. **Poissons, Batraciens.** — Les Poissons ne sont représentés au début des temps Secondaires que par des débris peu importants : on a trouvé des dents assez voisines de celles du Cératodus actuel, lequel vit en Australie. Rappelons que l'appareil respiratoire de ce dernier présente une particularité assez curieuse, car, en dehors de ses branchies, il possède un poumon. Chez les Ganoïdes, on observe une tendance marquée à l'ossification du sque-

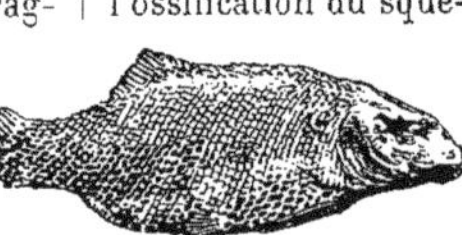

Fig. 136. — *Lépidotus.*

Fig. 137. — *Microdon.*

lette. Plus tard, certains terrains fournissent un grand nombre de poissons Sélaciens voisins des requins. Les écailles des poissons secondaires se rapprochent par leur consistance de celles des formes actuelles, et chez plusieurs espèces la queue est presque symétrique (*Lépidotus*, *fig.* 136). Les calcaires lithographiques de Solenhofen (Allemagne) et les schistes de Cirin (Ain) sont de remarquables gisements de poissons. Vers la fin de l'ère, les Poissons osseux prennent une assez grande extension et se rapprochent sensiblement de nos espèces modernes : *Microdon* (*fig.* 137). Nous sommes loin déjà des Placodermes ou Poissons cuirassés des premiers temps primaires (**51**), poissons dont les mouvements étaient fatalement très limités. Les espèces secondaires nous révèlent la souplesse et, du même coup, le développement de l'activité physique chez les Poissons.

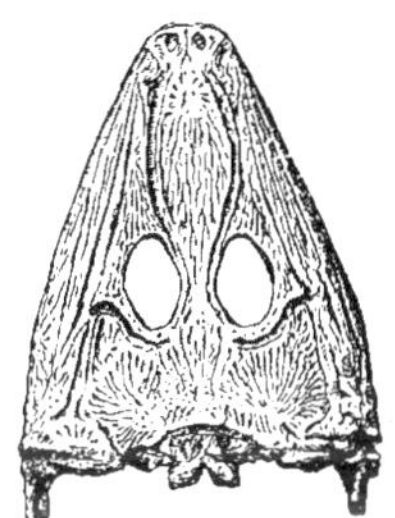

Fig. 138.
Mastodonsaure.

Les Batraciens continuaient à prospérer dans le commencement de l'ère, principalement les Labyrinthodontes, ainsi appelés des sillons très contournés qui caractérisaient leurs dents. Certains de ces animaux étaient de grande taille : le crâne du *Mastodonsaure* (*fig.* 138) avait 1 mètre de longueur.

❀ *Les Poissons secondaires se multiplient ; les* Ganoïdes *s'ossifient ; il existe des formes voisines des requins; les Poissons* osseux *se manifestent vers la fin de l'ère. Les* Batraciens *présentaient des espèces de grande taille, comme le Mastodonsaure.*

74. **Reptiles nageurs.** — Les premiers Reptiles, nous l'avons dit plus haut, sont timidement apparus à la fin de l'ère primaire ; ils descendaient vraisemblablement des batraciens et en portaient un certain nombre de caractères. Maintenant, les Reptiles sont nombreux, variés et constituent une importante série de nageurs, de marcheurs et de volants.

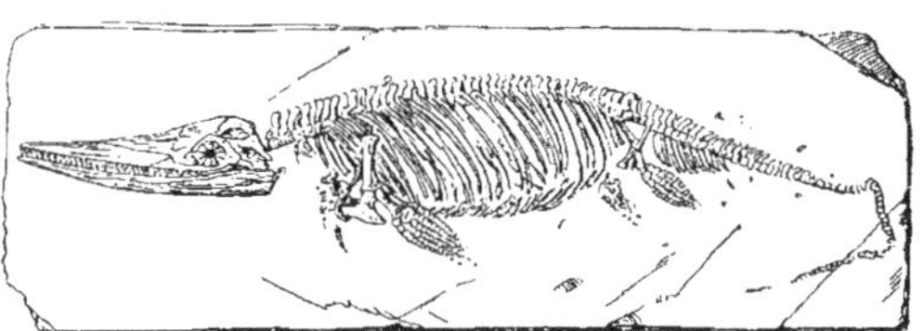

Fig. 139. — *Ichthyosaure* (long., 10 m.).

Parmi les Reptiles *nageurs*, les plus remarquables et les plus classiques sont l'Ichthyo-

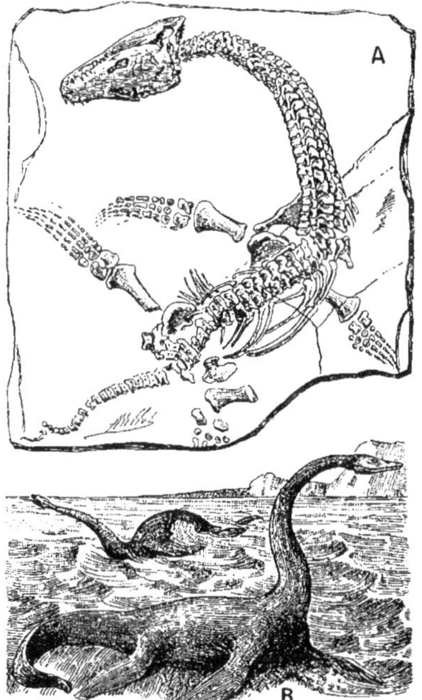

Fig. 140. — *Plésiosaure* (long., 10 m.), A, à l'état fossile et B, reconstitué.

saure et le Plésiosaure. Les *Ichthyosaures* (*fig.* 139 et 151) ont de 110 à 140 vertèbres biconcaves, quatre membres en forme de palettes; ils portent l'œil pinéal (**51**), l'anneau sclérotique et 200 dents coniques. Les vestiges de nourriture trouvés à la place qui devait être occupée par leur estomac sont composés de débris de poissons, de mollusques, en particulier d'ammonites ; ces animaux étaient donc marins. Leur taille pouvait atteindre de 8 à 10 mètres; la tête seule d'un individu trouvé en Bourgogne mesure 1^{m},80.

Les *Plésiosaures* (*fig.* 140) étaient particulièrement organisés pour la natation ; leur forme générale fine, élancée, la puissance de leurs membres, en faisaient des animaux pouvant se déplacer dans les eaux avec agilité. Le cou des Plésiosaures, composé de 24 à 31 vertèbres, était très long; la tête, très petite, mesurait seulement un treizième de la longueur de l'animal, lequel pouvait atteindre plus de 10 mètres. L'œil ne paraît pas entouré d'anneau sclérotique.

Le *Mosasaure* ou *Lézard de la Meuse* trouvé en Hollande et ailleurs avait la forme d'un lézard gigantesque; la taille des Mosasaures variait de 6 à 15 mètres, selon les espèces.

❀ *Les principaux Reptiles* nageurs *sont l'*Ichthyosaure, *de forme épaisse, avec cou très court et tête énorme, et le* Plésiosaure, *de forme élancée, avec cou très long et tête très petite. Ces deux animaux étaient pourvus de membres en forme de nageoires.*

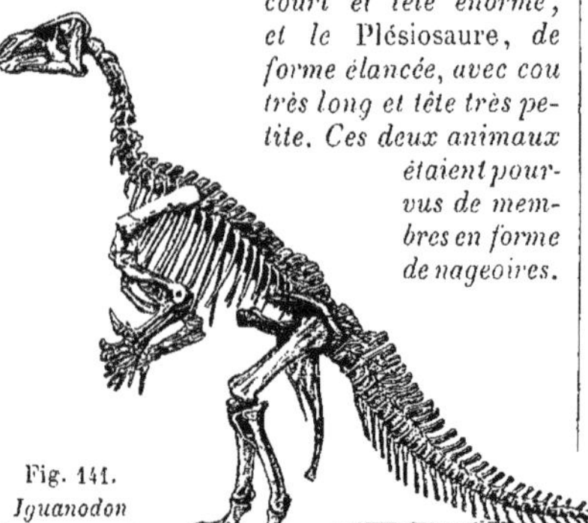

Fig. 141. *Iguanodon* (long., 10 m.).

Vingt-cinq individus de cette espèce ont été trouvés ensemble dans le gisement de Bernissart, en Belgique.

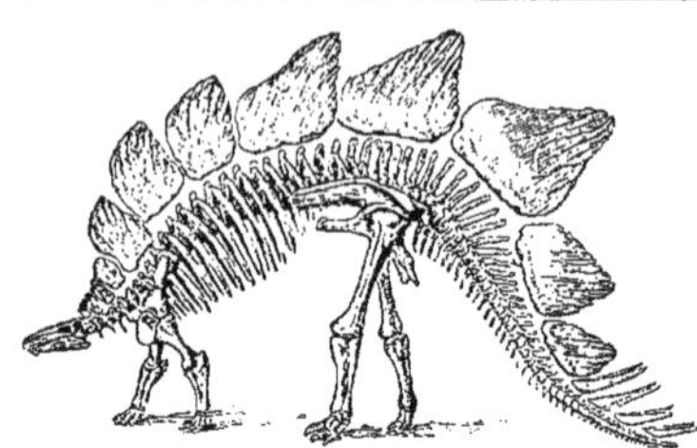

Fig. 142. — *Stégosaure* (long., 10 m.).

75. **Reptiles marcheurs.** — Les Reptiles *marcheurs* ou terrestres sont représentés par le groupe le plus fantastique de la série animale : le groupe des *Dinosauriens*. La plus belle découverte paléontologique fut faite en 1878, dans les mines de houille de Bernissart, près de Tournai (Belgique) : on y trouva, à 350 mètres de profondeur, 25 squelettes plus ou moins complets d'un Dinosaurien de grande taille : l'*Iguanodon* (*fig.* 141). Cet animal se tenait ordinairement dressé sur le trépied que constituaient ses deux membres postérieurs et son énorme queue. Les membres antérieurs lui servaient pour saisir ses aliments. Sa hauteur était de 5 mètres; sa longueur atteignait à peu près le double.

Le *Stégosaure* (*fig.* 142) portait sur le dos une gigantesque crête composée de 12 lames osseuses dressées, dont 7 ou 8 peuvent être considérées comme énormes, et qui étaient suivies de 4 grandes épines ornant l'extrémité de la queue. Cet animal, dont la longueur était de 7 à 8 mètres, a été trouvé en Amérique, dans les Montagnes-Rocheuses. Le *Tricératops* (*fig.* 143) était monstrueux : il portait deux cornes sur le front et une troisième sur le nez; en arrière du crâne, une large collerette osseuse recouvrait les premières vertèbres; cette collerette était hérissée de pointes munies d'une enveloppe cornée. Pour un corps dont la longueur totale était de 8 mètres, le crâne mesurait à lui seul 2 mètres; mais le volume du cerveau est, toutes proportions gardées, le plus réduit de tous

Fig. 143. — *Tricératops* (long., 7 m.).

les Vertébrés. C'est d'ailleurs la caractéristique des Dinosauriens : ils représentaient l'alliance de la force et de la stupidité.

Les géants du groupe étaient le *Brontosaure* (*fig.* 116), long de 18 mètres, et le *Diplodocus*, long de 25 mètres; ces derniers présentaient un long cou et une longue queue; ils reposaient sur leurs quatre pieds.

❀ *Les Reptiles* marcheurs *sont ceux du groupe des* Dinosauriens : *l'Iguanodon se tenait souvent dressé, le Stégosaure portait une haute crête sur le dos, le Tricératops avait trois cornes et une large collerette osseuse; le Brontosaure était long de 18 mètres et le Diplodocus de 25 mètres.*

76. **Reptiles volants.** — Au cours de leur évolution, les Reptiles secondaires se sont divisés en plusieurs branches : l'une d'elles s'est dirigée vers l'empire de l'air; elle renferme certainement les ancêtres des Oiseaux; une autre paraît constituer la souche des Mammifères.

Chez les Reptiles volants, le doigt externe des deux membres antérieurs était très allongé et soutenait une membrane analogue à celle des chauves-souris. Les Rhamphorhynques et les Ptérodactyles en sont les types principaux. Le *Rhamphorhynque* avait le cou assez court et la queue très longue; les maxillaires étaient munis de dents, mais, chez plusieurs espèces, ces dents manquent sur la partie antérieure, ce qui fait supposer l'existence d'un bec corné. Chez le *Ptérodactyle* (*fig.* 144), c'est le cou qui est long et la queue très courte; en outre, les dents sont groupées à la partie antérieure des mâchoires. Ces caractères sont absolument opposés à ceux du Ramphorhynque. Ces animaux, assez petits, offrent des espèces dont la grosseur varie entre celle du moineau et celle du corbeau. Plus tard, les débris fossiles révèlent des formes beaucoup plus grosses : ce sont les *Ptéranodons* de l'Amérique du Nord, dont la tête était sensiblement plus allongée que celle du Ptérodactyle; certaines espèces de ce genre présentaient une envergure de 8 mètres. Les Reptiles volants avaient des os creux comme les oiseaux actuels. Quant aux Oiseaux de l'ère secondaire, nous allons les voir conserver, en souvenir de la classe à laquelle appartenaient leurs ancêtres, certains caractères reptiliens extrêmement nets.

❀ *Les Reptiles* volants *possèdent une membrane analogue à celle des Chauves-Souris; ils ont des dents comme tous les Reptiles et déjà des os creux comme les Oiseaux. Le Ramphorhynque et le Ptérodactyle étaient de petite taille; le Ptéranodon était beaucoup plus gros.*

77. **Oiseaux, Mammifères.** — Le plus ancien Oiseau fossile connu est l'*Archéoptéryx* (*fig.* 147), dont on ne connaît que deux exemplaires. Au contraire des oiseaux actuels, qui n'ont qu'une queue osseuse extrêmement courte avec un bouquet de plumes, cet animal présentait une longue queue composée de vingt vertèbres portant chacune une paire de plumes. Si l'on fait abstraction de cette parure, il reste une véritable queue de lézard. Les vertèbres sont biconcaves, l'œil est entouré d'un anneau sclérotique, les maxillaires sont pourvus de dents, les mains, libres à l'extrémité des ailes, por-

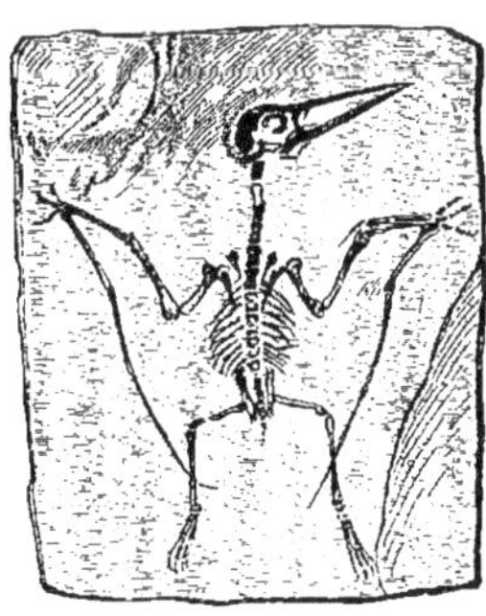

Fig. 144. — *Ptérodactyle.*

tent des griffes. Le plumage paraît insuffisant pour le vol; les ailes devaient être utilisées plutôt comme parachute et l'animal devait être grimpeur. Sa taille ne dépassait pas celle d'un gros corbeau. Les dents et la longue queue sont les caractères reptiliens de l'Archéoptéryx; c'est la présence, peut-être un peu insuffisante, des plumes qui a porté les paléontologistes à en faire un Oiseau. Des oiseaux plus perfectionnés, apparus à la fin de l'ère secondaire, ont été découverts en Amérique. Ils sont encore pourvus de dents; l'un d'eux, l'*Hesperornis* (*fig.* **145**), se rapproche des plongeons, mais sa taille était celle du cygne actuel; les ailes devaient être faibles et inutilisables. L'*Ichthyornis* (*fig.* **146**) n'était pas plus gros qu'un pigeon; ses vertèbres étaient biconcaves, ses ailes bien développées.

Fig. 145. *Hesperornis.*

Fig. 146. *Ichthyornis.*

Les Mammifères secondaires étaient des Marsupiaux de petite taille; on n'en possède que très peu de débris; citons le *Dromathérium* et l'*Amphithérium*.

❀ *Les* Oiseaux *Secondaires ont encore des dents de reptiles, mais ils ont des plumes; l'Archéoptéryx avait une longue queue de lézard. Mieux organisés, l'Hesperornis se rapprochait de nos plongeons, et l'Ichthyornis avait des ailes bien développées. Les rares* Mammifères *apparus tardivement étaient des Marsupiaux.*

78. **Végétaux secondaires.** — Pendant l'immense durée des temps primaires la végétation a singulièrement évolué. Peu après le début de l'ère secondaire, les Cryptogames sont bien réduites; ce sont les Phanérogames, ou plantes à fleurs, qui dominent et surtout les Gymnospermes; il s'agit donc là de végétaux dont l'organisation est beaucoup plus élevée. Les débris qu'ils ont laissés révèlent de grandes forêts de Cycadées et de Conifères; ces derniers étaient représentés par des genres comme *Voltzia* (*fig.* **148**), que l'on pourrait comparer à l'araucaria et au cyprès actuels. Vers la seconde moitié de l'ère apparaissent les Angiospermes qui, vers la fin, sont déjà très développées et très répandues. Ce sont d'abord des Monocotylédones, des *Palmiers* notamment, qui se manifestaient de plus en plus nombreuses pendant que diminuaient les Gymnospermes; ensuite les Dicotylédones se sont multipliées peu à peu avec des genres qui vivent encore : *Hêtre, Chêne, Platane, Peuplier, Magnolia, Laurier, Figuier, Lierre*, etc. On le voit, les végétaux comme les animaux, la vie organique tout entière, ne cessent de se perfectionner à travers les temps.

❀ *Les* végétaux *Secondaires sont principalement des Phanérogames. Ce sont d'abord des forêts de* Gymnospermes (*Cycadées et Conifères*); *ensuite des* Angiospermes (*Palmiers*), *notamment des Dicotylédones* (*Hêtre, Chêne, Platane, Peuplier, Laurier, Figuier*).

Fig. 147. — *Archéoptéryx.*

Fig. 148. — *Voltzia.*

Fig. 149. — Ère *Secondaire;* Système *Triasique :* Calcaire des Alpes Dolomitiques du Tyrol.

HUITIÈME CONFÉRENCE

ÈRE SECONDAIRE

79. Cataclysmes. Divisions. — L'étude des divisions primaires nous a montré chaque période se dégageant insensiblement l'une de l'autre. On avait cru autrefois à plusieurs séries indépendantes de terrains, séries caractérisées chacune par une faune paléontologique différente. Ces faunes auraient été séparées à plusieurs reprises par des cataclysmes, des anéantissements complets, suivis de réapparitions de la vie organique avec des formes nouvelles. Cette manière de voir, partagée par Cuvier, résultait de la « jeunesse » de la géologie, science alors toute nouvelle, et beaucoup trop complexe pour avoir montré du premier coup toutes ses richesses. Peu à peu, en effet, les recherches et les études se sont multipliées, les vides qui avaient donné naissance à la théorie des « révolutions du globe » se sont comblés et les dépôts de tous âges, suivant le déplacement lent des mers, sont apparus comme s'étant formés avec une continuité parfaite.

C'est ainsi que la vie organique, facilitée par l'évolution lente et continue de la Terre, s'est poursuivie, elle aussi, sans cataclysmes, et que les faunes caractéristiques, bien loin de constituer des séries nouvelles, ne représentent que des *termes* de la série animale, des *stades* d'évolution.

Les terrains Secondaires ont été divisés en trois systèmes, qui sont de bas en haut : *Triasique, Jurassique* et *Crétacique.*

❀ *L'étude des terrains primaires nous a démontré la parfaite* continuité *des phénomènes géologiques et elle infirme l'ancienne théorie des* Révolutions du globe. *Les faunes paléontologiques représentent des stades* d'évolution *organique.*

80. **Système Triasique.** — Comme son nom l'indique, le Système Triasique ou *Trias* se divise en trois parties assez nettement précisées en Europe centrale, dans la région appelée *Province Germanique*, et comprenant Thuringe, Franconie, Souabe et Lorraine. On y observe un grès rouge littoral, dit *Grès vosgien*, à la base; un calcaire marin très coquillier et riche en encrines, dit *Muschelkalk*, au milieu, et des marnes bariolées lagunaires, dites *Marnes irisées*, à la partie supérieure. Ces dernières renferment de nombreux gisements de gypse et de sel gemme.

Les mers triasiques paraissent avoir occupé, sur l'emplacement des continents actuels, de larges étendues qui se sont déplacées au cours de la période; c'est ainsi que la Russie, en partie couverte par les eaux au début, était à peu près complètement émergée vers la fin. Une grande partie de l'Europe occidentale est couverte de lagunes. (V. Planche p. 68.)

On peut citer comme fossiles caractéristiques de cette période les *Cératites* (*fig.* 150), Mollusques Céphalopodes du groupe des Ammonites. C'est peut-être aux temps Triasiques que sont apparus les Mammifères, mais les débris en sont douteux. Les Reptiles se sont développés et l'on en connaît déjà un certain nombre de genres; leurs vertèbres sont semées un peu partout dans les couches.

Les principales formations triasiques sont: le Grès rouge des Vosges, les Calcaires du Briançonnais, et les belles montagnes Dolomitiques du Tyrol (*fig.* 149) dont la masse est constituée par un calcaire magnésien de cet âge; elles forment le massif le plus important du groupe des Alpes Cadoriques.

❀ *Le système Triasique comprend en Europe, et de bas en haut, un* Grès rouge, *un* Calcaire coquillier *et des* Marnes bariolées. *Les fossiles caractéristiques sont les* Cératites. *Le Grès rouge des Vosges et les montagnes Dolomitiques du Tyrol sont d'âge Triasique.*

Fig. 150. — *Cératite.*

81. **Extraction du sel gemme.** — Les localités près desquelles existe le sel gemme ont souvent un nom qui rappelle l'existence de cette substance minérale; on peut citer: Lons-le-Saunier et Salins (Jura), Salies-de-Béarn (Basses-Pyrénées), Saléon (Hautes-Alpes), Sales (Haute-Savoie), Marsal (Tarn), etc.

Il y a plusieurs méthodes pour extraire le sel minéral; la plus simple consiste à recueillir l'eau salée des sources qui sont en relation souterraine avec le gisement, et à obtenir leur sel par le moyen de l'évaporation. Dans certaines exploitations, on pratique des sondages jusqu'au cœur de la roche, puis on introduit un tube dans le trou de sonde. Au moyen d'une pompe, on envoie de l'eau ordinaire dans le vide qui subsiste entre le tube et les parois du trou de sonde; cette eau pénètre ainsi dans la masse du sel et remonte saturée par le tube. Le sel s'obtient ensuite comme dans le cas précédent par évaporation.

L'évaporation des eaux mères ou saturées s'effectue dans des poêles spéciales au moyen d'une température assez élevée, et le sel se forme en petits cristaux à la surface de l'eau bouillante. Dans la poêle anglaise, généralement employée de nos jours, l'eau saturée est agitée mécaniquement et le sel cristallisé est poussé dans un compartiment où il s'accumule; il y est recueilli et tassé dans des récipients en bois d'où on le retire à l'état de pains pour le commerce.

❀ *On extrait le* sel gemme *à l'état* dissous *dans les eaux qui ont traversé le gisement; on l'obtient ensuite à l'état* cristallisé, *au moyen de l'évaporation, qui se pratique dans des poêles spéciales.*

82. **Système Jurassique.** — Les assises qui composent ce système forment un ensemble considérable et du plus haut intérêt; elles sont principalement formées de calcaires, de calcaires marneux propres à la fabrication du ciment et d'argiles.

La mer jurassique indique un envahissement du sud-ouest et du sud de l'Europe par les eaux; elle est semée d'îles qui se modifient durant la période. A la fin, l'Amérique du Nord, couvrant une partie de l'Océan Atlantique, venait atteindre l'Angleterre. L'Amérique du Sud, séparée de l'Amérique du Nord, était largement reliée à l'Afrique. Cette dernière était presque entièrement émergée. L'Europe ne se composait que de la Scandinavie restée terre ferme durant la période entière, du nord de l'Allemagne et de l'ouest de la Russie. L'Asie, si l'on excepte la partie sud-ouest immergée, présentait grossièrement son aspect actuel.

Le Système Jurassique est caractérisé par d'importantes formes fossiles. Signalons la présence d'un reptile volant : le *Ptérodactyle*

Fig. 151. — Tête d'*Ichthyosaure*.

(*fig.* 414), et d'un Oiseau : l'*Archéoptéryx* (*fig.* 147). Deux grands Reptiles nageurs également décrits plus haut, l'*Ichthyosaure* (*fig.* 139 et 151) et le *Plésiosaure* (*fig.* 140), sont encore caractéristiques de cette période. Enfin, c'est dans les terrains de cet âge que l'on a observé les premiers Mammifères non douteux : ce sont des Marsupiaux représentés par des débris dispersés que l'anatomie comparée a permis de classer avec quelque certitude.

❧ *Le Système Jurassique forme une masse considérable de calcaires plus ou moins marneux. Des formes caractéristiques de cette période sont l'*Ichthyosaure, *le* Plésiosaure, *le Ptérodactyle et l'Archéoptéryx. Les premiers* Mammifères *certains sont de cet âge.*

83. **Affleurements jurassiques.** — L'affleurement des terrains jurassiques forme sur le territoire de notre pays un grand 8, indiqué en bleu sur les cartes géologiques, et dont la boucle supérieure déborde en Angleterre (*fig.* 152). Les deux boucles contiennent des formations très différentes et qui se présentent même avec des caractères complètement oppo-

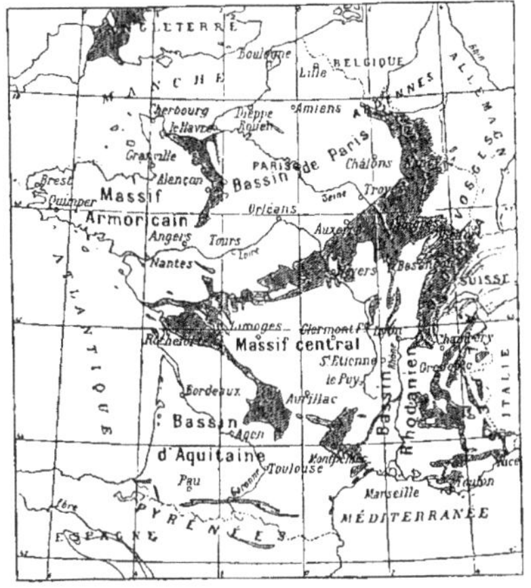

Fig. 152. — *Affleurements* jurassiques en France.

sés. La boucle nord renferme des dépôts sédimentaires disposés en cuvettes emboîtées les unes dans les autres : c'est la dépression tertiaire du bassin de Paris. La boucle sud enserre une masse cristalline d'un relief important et qui porte des manifestations volcaniques : c'est le Massif-Central français. En dehors de ce 8, s'étendent à l'ouest les terrains cristallins et primaires du Cotentin et de la Bretagne ; à l'est, les masses cristalline et triasique des Vosges ; au sud-ouest, les assises crétaciques et tertiaires de l'Aquitaine et, au sud-est, la masse complexe et tourmentée qui constitue le bassin du Rhône et la Provence. Cette description très courte fait suffisamment connaître la structure géologique de notre pays, du moins dans ses grandes lignes, et permettra de retenir l'emplacement des principales masses géologiques déjà décrites ou dont il nous reste à parler. (Voy. Planche, p. 90.)

❧ *L'affleurement des terrains jurassiques forme à la surface de la France un grand 8. La boucle supérieure de ce 8 renferme le bassin tertiaire parisien ; la boucle inférieure enserre le Massif-Central cristallin et volcanique.*

Phot. Peyrouse.

Fig. 153. — Ère *Secondaire*; Système *Jurassique* : Calcaires du château de Crussol (Ardèche).

84. **Formations jurassiques.** — En dehors de la chaîne du Jura, ces terrains ont donné lieu à des exploitations nombreuses et à des sites pittoresques. Des assises bien typiques de cet âge sont le Calcaire à *Gryphées arquées* (*fig.* 154), fossiles voisins des huîtres; les Calcaires à *entroques* (*fig.* 155), pétris d'articles d'encrines résultant de la destruction de leurs tiges, et les Calcaires oolithiques, formés de grains qui rappellent les œufs de poissons.

Citons encore, et en suivant à peu près l'ordre chronologique, les pittoresques gorges ou *cañons* du Tarn (*fig.* 53) et de son tributaire la Dourbie, le Calcaire de Port-en-Bessin et la Pierre de Caen (Calvados), les merveilleuses ruines naturelles de Montpellier-le-Vieux (Aveyron), les Argiles sombres qui constituent les *Roches-Noires* de Trouville et les *Vaches-Noires* de Villers-sur-Mer (Calvados), les Calcaires à ciment et à chaux hydraulique de la Porte-de-France, à Grenoble (Isère), les Calcaires dits Coralliens des Ardennes et du Calvados, la belle Pierre de Lérouville (Meuse) exploitée pour la construction, le rocher du Lion de Belfort, le calcaire dans lequel est forée la jolie grotte d'Arcis-sur-Cure (Yonne), les falaises de

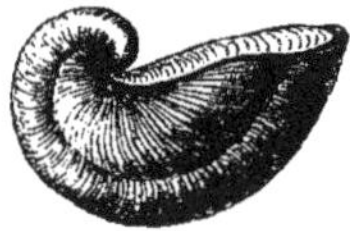

Fig. 154.
Gryphée arquée.

Fig. 155. — Fragment de *Calcaire à entroques.*

Phot. Boulanger.

Fig. 156. — Ère *Secondaire*; Système *Jurassique* : Gorges de l'Ardèche à Ruoms.

Boulogne-sur-Mer (Pas-de-Calais), le beau rocher du château de Crussol dans l'Ardèche (*fig.* 153), les Calcaires ruiniformes du joli bois de Païolive (Ardèche), les Gorges de l'Ardèche à Ruoms (*fig.* 156), les montagnes dites *Dentelles* de Gigondas (Vaucluse), etc.

❁ *Les principales formations jurassiques sont le Calcaire à* Gryphées arquées *et les calcaires à* entroques, *la Pierre de Caen, les Argiles de Trouville et de Villers, les calcaires à ciment de Grenoble, la Pierre de Lérouville, les gorges de l'Ardèche à Ruoms, etc.*

85. Système crétacique. — Les roches Crétaciques sont généralement des calcaires plus ou moins crayeux, et la partie supérieure du système est formée de *craie* parfaitement blanche sur une grande épaisseur. C'est ainsi que cette dernière roche est très répandue dans le bassin parisien. Ailleurs, les calcaires sont moins crayeux parce qu'ils sont généralement plus anciens. En dehors des assises crayeuses, la période fournit sables, grès et argiles.

Les mers Crétaciques ont occupé dans la seconde moitié de la période une importante partie de l'Europe, avec de grandes îles intéressant particulièrement la France et l'Allemagne (V. Planche h. t., p. 68). L'Asie était en grande partie émergée avec le nord de la Russie et de la Scandinavie. L'Afrique du nord : Maroc, Algérie, Tunisie, Tripoli et Égypte, était au fond des eaux; mais tout le reste de ce continent affectait très sensiblement la forme de l'Afrique actuelle.

Des fossiles très caractéristiques de cet âge sont les Ammonites déroulées appartenant au genre *Scaphite* (*fig.* 157). Les Mammifères y sont encore très rares. Il faut noter en outre le remarquable développement des Hippurites et l'apparition des Poissons osseux.

Fig. 157. — *Scaphite.*

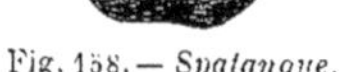

Fig. 158. — *Spatangue.*

Fig. 159. — *Caprotine.*

Fig. 160. — *Réquiénie.*

Fig. 161. — *Caprine.*

❁ *Le Système Crétacique est principalement formé de calcaires crayeux et de* craie *blanche; il marque le développement des Hippurites et l'apparition des Poissons osseux. Les fossiles caractéristiques de cette période sont les* Scaphites.

86. **Formations Crétaciques.** — Par ordre chronologique, et en commençant par les plus anciens, nous citerons ici les sites ou assises les plus importants de cet âge. Le Calcaire à *spatangues* (*fig.* 158) de la Bourgogne, le Calcaire du Pont-d'Arc (Ardèche) et le rocher du Château de Beaucaire (Gard), représentent le début des temps crétaciques. La masse du mont Ventoux (Vaucluse) et le Calcaire à *caprotines* (*fig.* 159) d'Orgon (Bouches-du-Rhône) suivent. Viennent ensuite les Marnes de Gargas (Vaucluse), le Calcaire à *réquiénies* (*fig.* 160) du Beausset (Var), les falaises qui bordent le Rhône près Donzère (Drôme). Plus tard, c'est la Craie glauconieuse de Rouen, les Sables du Perche et du Maine, les Calcaires à *caprines* (*fig.* 161) des Bouches-du-Rhône, la Craie tuffeau de Touraine, etc. C'est alors que nous arrivons à la belle craie blanche, plus ou moins remplie de lits de silex. C'est elle qui forme le sol de la triste Champagne pouilleuse et du Sénonais ou région de Sens (Yonne); c'est elle qui constitue les belles et pittoresques falaises d'Étretat (*fig.* 162) et plus exactement de toute la côte qui s'étend du Cap de la Hève au Tréport (Seine-Inférieure). Citons encore la Craie de Meudon, avec laquelle on fabrique le blanc d'Espagne, et le Calcaire Pisolithique qui la recouvre.

❁ *Les principales formations Crétaciques sont le Calcaire à* spatangues *de la Bourgogne, les Calcaires à* caprotines, *à* réquiénies *et à* caprines *du midi de la France, la craie de Rouen, et les Craies blanches de la Champagne, du Sénonais et des falaises normandes.*

87. **Soulèvements, Éruptions.** — L'Ère Secondaire est caractérisée en Europe par un calme relatif, exempt de tout soulèvement important; il ne s'y est formé aucune chaîne de montagnes. Mais, si les temps secondaires n'ont pas vu de grandes dislocations, l'écorce terrestre n'est pas restée immobile; bien au contraire, elle n'a pas cessé de se livrer à ces grandes oscillations lentes qui expliquent le déplacement répété des mers secondaires, les eaux se sont conduites comme elles le feraient à la surface d'un tissu imperméable et mobile; elles se sont toujours localisées dans les dépressions qu'elles ont suivies dans leurs vicissitudes. Certains plissements secondaires paraissent même se rattacher au soulèvement futur des Alpes.

Les éruptions sont également rares, car leurs principales causes déterminantes sont les dislocations. On en a cependant observé dans les Pyrénées, dans les Alpes du Dauphiné, et surtout dans les montagnes du Tyrol. En outre, de nombreuses émanations thermales ont rempli de minéraux variés les cassures des dislocations primaires.

❁ *L'Ère secondaire n'a pas vu de grandes dislocations, mais des* oscillations *lentes ont déplacé les mers à plusieurs reprises. Quelques* éruptions *se sont produites dans les Pyrénées et les Alpes du Dauphiné.*

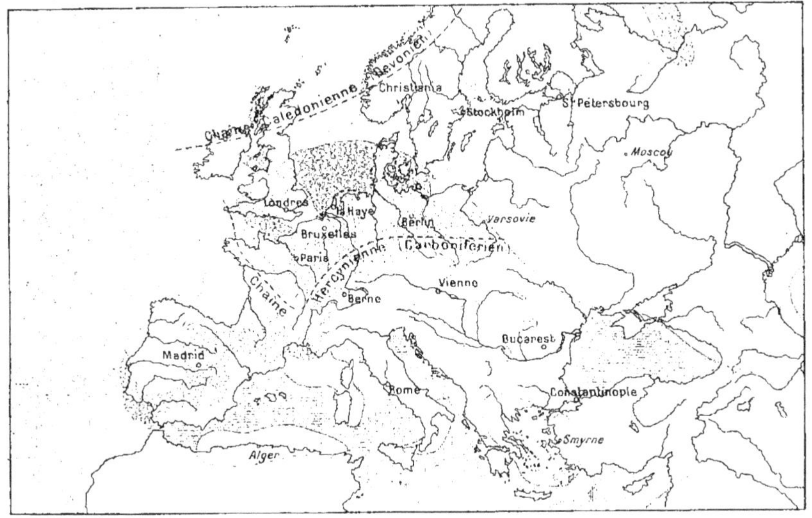

DESSIN APPROXIMATIF DES MERS ET LAGUNES DU TRIASIQUE SUPÉRIEUR.

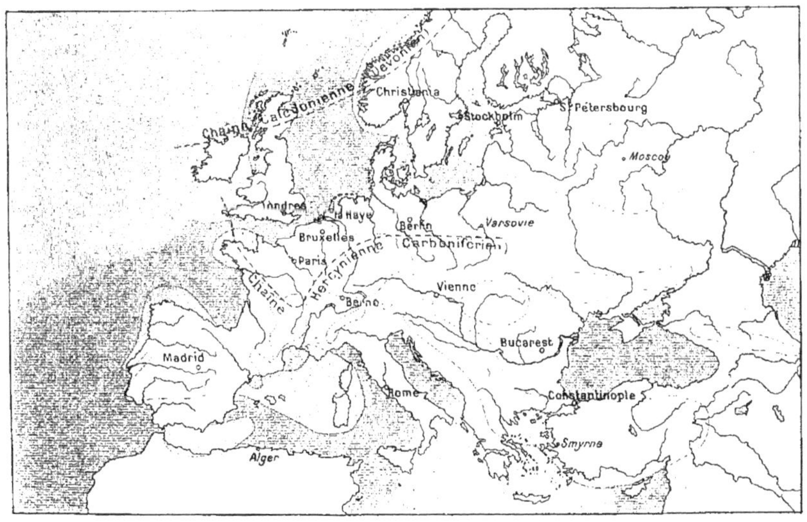

DESSIN APPROXIMATIF DES MERS DU CRÉTACIQUE SUPÉRIEUR.

Fig. 162. — Ère *Secondaire;* Système *Crétacique :* Craie des falaises d'Étretat (Seine-Inférieure).

VII. — TABLEAU-RÉSUMÉ DE L'ÈRE SECONDAIRE

ORGANISMES ESSENTIELS.	SYSTÈMES.	FOSSILES CARACTÉRISTIQUES.	AFFLEUREMENTS.	FORMATIONS.	SOULÈVEMENTS, ÉRUPTIONS.
Règne des *Rudistes*, des Céphalopodes à coquille, probablement *dibranches* (Ammonites), des Céphalopodes sans coquille externe (Bélemnites), des grands Reptiles *Dinosauriens*. Apparition des *Oiseaux* et des *Mammifères*. — Règne des végétaux *Gymnospermes* et apparition des *Angiospermes*.	CRÉTACIQUE. .	*Scaphites*. . .	Seine-Inférieure. Picardie, Artois. Champagne, Saumurois. Saintonge, Périgord. Bassin du Rhône. Bordures des Pyrénées.	Craie blanche. Craie tuffeau. Calcaires à *Caprines*, à *Réquiénies* et à *Caprotines*. Calcaire à *Spatangues*.	Déplacements lents des océans. Rares éruptions.
	JURASSIQUE. .	*Archéoptéryx.* *Ptérodactyle.* *Plésiosaure*. . *Ichthyosaure.*	Grand 8 dont les deux boucles entourent, au nord, le Bassin de Paris et, au sud, le Massif-Central.	Calcaire à ciment de Grenoble. Pierre de Lérouville. Calcaires dits coralliens. Argiles de Villers et Trouville. Pierre de Caen. Calcaires à entroques. Calcaires oolithiques. Calcaires à *Gryphées arquées.* Lumachelle de Bourgogne.	
	TRIASIQUE . .	*Cératites*. . .	Duché de Luxembourg. Lorraine, Vosges. Alpes franco-italiennes. Dolomites du Tyrol.	Calcaires du Briançonnais. Gisements de sel gemme. Grès rouge des Vosges.	

Fig. 163. — Mâchoires de *Cainothérium*, petit Mammifère Ongulé du Gypse de Paris.

NEUVIÈME CONFÉRENCE

ÈRE TERTIAIRE

88. **Caractères principaux.** — Les terrains Tertiaires sont sensiblement moins épais dans leur ensemble que les précédents. Les roches y sont très variées : depuis que les premiers océans érodent leurs rivages et en déposent les matériaux sur leurs fonds, tous les mélanges, toutes les combinaisons se sont produits, et c'est ainsi que de nombreuses roches sédimentaires constituent les assises de cette ère. Les fossiles caractéristiques des temps tertiaires sont infiniment nombreux; mais il faut signaler d'abord le grand développement des *Mammifères* (*fig.* 172 à 184); ces animaux se sont en effet prodigieusement multipliés et ils règnent sur les continents avec une très grande variété de formes. Citons encore l'extinction des grands Reptiles, des Ammonites, des Bélemnites et des Rudistes.

Le climat, ou plus exactement les climats, se rapprochent des nôtres; la température s'élève progressivement des pôles vers l'équateur et l'apparition des arbres à feuilles caduques, c'est-à-dire à feuilles annuelles tombant au cours de l'automne, indique l'existence des hivers. C'est donc le jeu des saisons qui s'établit régulièrement.

Les assises tertiaires constituent la surface du sol en France sur de notables étendues; c'est d'abord le bassin parisien enserré dans la boucle supérieure du 8 Secondaire (**83**) et dont toutes les couches légèrement concaves s'emboîtent les unes dans les autres comme des cuvettes; ce sont ensuite l'important bassin de l'Aquitaine, puis les bassins du Rhône et de la Saône.

❀ *Les dépôts Tertiaires, formés de roches très variées, sont caractérisés par le règne des* Mammifères. *Les climats se différencient de plus en plus, le jeu des saisons s'établit et les arbres à feuilles annuelles se multiplient. Le centre du* bassin parisien *est tertiaire.*

89. **Invertébrés tertiaires.** — Les Protozoaires sont représentés dès le début de l'ère par différentes espèces de Foraminifères qui ressemblent à des lentilles et qu'on appelle *Nummulites* (*fig.* 164); il en est de fort petites et d'autres dont le diamètre atteint quelques centimètres. Aux environs de Paris, elles ne dépassent guère 15 millimètres et certains niveaux en sont entièrement formés. Fendue à l'aide d'un canif, la Nummulite montre de

nombreuses petites loges disposées en spirale et communiquant entre elles; la substance vivante les occupait toutes. Parmi les Polypes, on remarque un mouvement qui se dessinait déjà aux temps secondaires : c'est le recul des Coraux vers les mers tropicales. Les Mollusques accusent une diminution considérable des Céphalopodes et l'extension des Lamellibranches : *Huîtres, Cardes, Peignes*, et surtout des Gastéropodes ; ces derniers étaient apparus assez timidement au cours de l'ère précédente ; ils se multiplient maintenant avec une richesse de formes tout à fait remarquable. Les plus répandus sont les *Cérithes*, parmi lesquels brille le *Cérithe géant* (*fig.* 166) dont la longueur atteint 50 centimètres ; puis les *Turritelles*, les *Fuseaux*, les *Volutes*, les *Natices*, les *Buccins* (*fig.* 167), qui habitaient les mers ; les *Planorbes* (*fig.* 168) et les *Limnées* (*fig.* 165) appartenaient aux eaux douces ; les *Hélix* ou escargots (*fig.* 169) étaient terrestres ; tous ces genres vivent encore. Les Échinodermes (Oursins), les Crustacés et les Insectes se rapprochent beaucoup de ceux de la faune actuelle. L'*ambre*, qui est une résine de conifère fossile, nous a merveilleusement conservé de très nombreux Insectes tertiaires.

Fig. 164. — *Nummulites.*

Fig. 165. — *Limnée* actuelle.

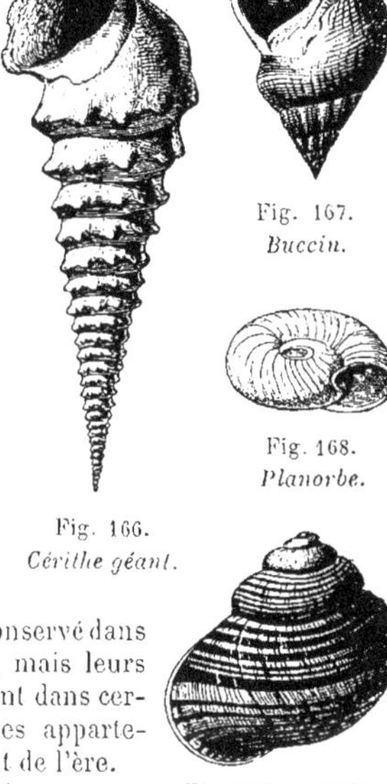

Fig. 166. *Cérithe géant.*

Fig. 167. *Buccin.*

Fig. 168. *Planorbe.*

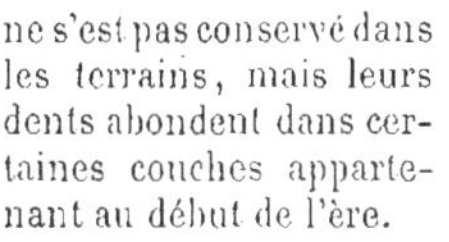

Fig. 169. — *Hélix.*

❧ *Les Invertébrés tertiaires sont tout d'abord des Foraminifères appelés* Nummulites. *Les Polypiers gagnent les mers tropicales ; les Mollusques Céphalopodes diminuent ; les Lamellibranches et surtout les* Gastéropodes *se multiplient ; Échinodermes et Crustacés se rapprochent des genres actuels.*

90. **Vertébrés tertiaires.** — Les *Poissons* osseux se sont extraordinairement multipliés. Certains gisements, notamment celui de Monte-Bolca (Italie), en ont fourni d'admirables plaques à divers musées (*Platax*, *fig.* 170). Les Poissons cartilagineux sont des Squales, parmi lesquels on remarque le Requin actuel ; le squelette peu résistant de ces animaux ne s'est pas conservé dans les terrains, mais leurs dents abondent dans certaines couches appartenant au début de l'ère.

Les Batraciens appartiennent généralement à des genres existants ; on y compte une *Salamandre* dont la taille dépassait encore celle de la grande salamandre actuelle du Japon, laquelle atteint 1 mètre.

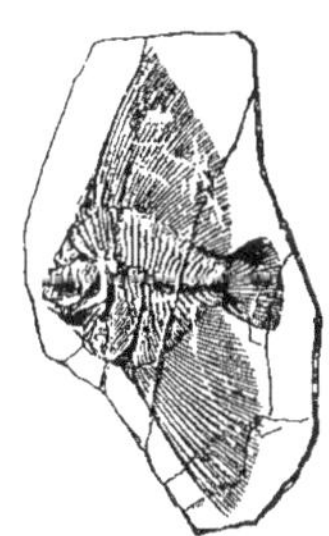

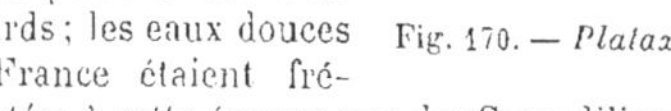

Fig. 170. — *Platax.*

Les Reptiles tertiaires se font remarquer par l'apparition des Tortues, des Serpents et des vrais Lézards ; les eaux douces de France étaient fréquentées à cette époque par des Crocodiliens.

Les Oiseaux se font assez nombreux ; le Gypse ou pierre à plâtre des environs de Paris en a fourni de fort bien conservés, tels que *Rallus*, *Cryptornis* (*fig.* 171), *Laurillardia*, etc. L'Argile de Meudon (Seine-et-Oise) a fourni

Fig. 171. — *Cryptornis.*

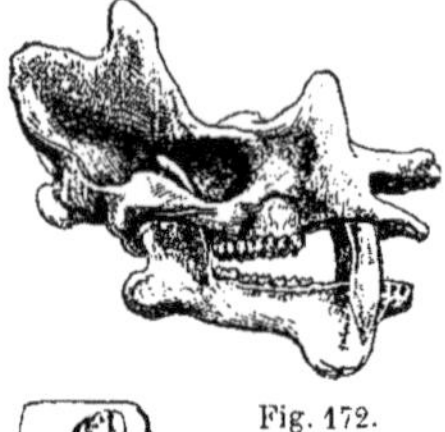

Fig. 172. *Dinocéras.*

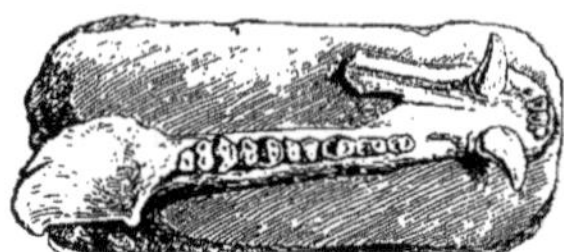

Fig. 173. — Mâchoire de *Lophiodon.*

Fig. 174. — *Paléothérium.*

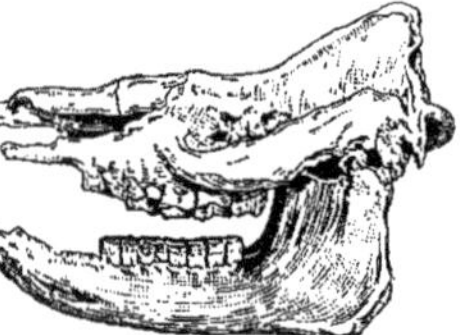

Fig. 175. — *Acérothérium.*

un type de très grande taille, le *Gastornis,* qui tenait à la fois des Coureurs et des Palmipèdes. Un autre type, l'*Odontoptéryx,* avait le bec denté. Quelques gisements d'Auvergne ont donné de nombreux ossements et nous ont révélé l'existence des Perroquets et des Flamants. Enfin, les Mammifères, merveilleusement multipliés, arrivés à l'apogée de leur règne, vont nous retenir quelques instants.

❀ *Les Poissons osseux se multiplient. Les* Batraciens *montrent l'apparition de genres actuels. Les* Reptiles *révèlent l'apparition des Tortues et des Serpents. Les* Oiseaux *sont représentés par des formes variées et nombreuses.*

91. Ongulés. — A côté d'une foule de genres actuels, les Mammifères offrent certains types intéressants. Laissant évoluer les Marsupiaux d'une part et les Cétacés de l'autre, nous aborderons le groupe important des Ongulés. Les Ongulés paraissent descendre d'un animal assez singulier : le *Phénacodus,* qui présentait la réunion de caractères que l'on ne trouve plus que chez des types assez éloignés les uns des autres; il avait 5 doigts à chaque extrémité.

Dans le terrain tertiaire des Montagnes-Rocheuses (Amérique du Nord), on a trouvé un grand nombre d'ossements de *Dinocéras* (*fig.* 172). Ce Mammifère atteignait la taille de l'Éléphant des Indes, mais il était plus massif; son crâne portait trois paires de cornes révélées par des protubérances osseuses analogues à celles des Ruminants. Les deux canines supérieures formaient de longues et larges lames de poignard; ses pieds avaient 5 doigts. Le Dinocéras avait un très petit cerveau, comparé au volume de son corps; c'est un fait que nous avons signalé déjà pour les Reptiles dinosauriens (75). Le *Coryphodon,* du tertiaire d'Europe, présentait certaines analogies avec le Dinocéras.

Le *Lophiodon* (*fig.* 173), du Calcaire grossier ou pierre à bâtir des environs de Paris, se rapprochait du tapir actuel, mais il n'en avait pas la petite trompe. Le *Paléothérium* (*fig.* 174) paraît intermédiaire entre le tapir et le cheval actuels; ses dents le rapprochent du rhinocéros. Il a été découvert dans le gypse ou pierre à plâtre de Montmartre, à Paris. Les membres de ce fossile se terminent par 3 doigts; celui du milieu était beaucoup plus développé que les deux autres. Le Paléothérium a été reconstitué par Cuvier, sur quelques ossements, avant la découverte de squelettes entiers. Le *Cainothérium* (*fig.* 163) a laissé de nombreux débris.

Les *Rhinocéros* ont fourni plusieurs genres : les premiers (*Acérothérium, fig.* 175) avaient 4 doigts et pas de corne sur le nez; les genres qui ont suivi présentent 3 doigts et le renforcement progressif des os nasaux, correspondant au développement de la corne.

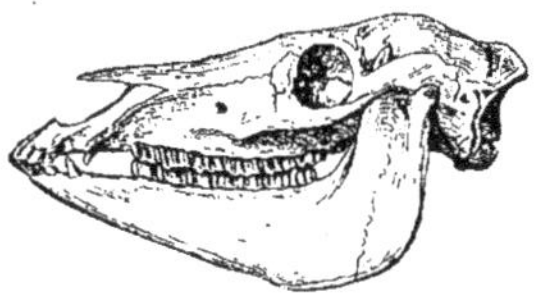

Fig. 176. — *Hipparion.*

Fig. 177. — *Anoplothérium.*

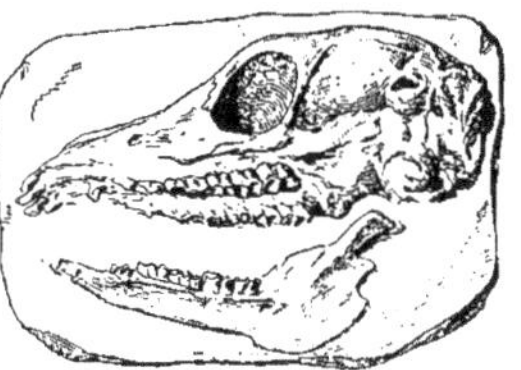

Fig. 178. — *Xiphodon.*

❀ *Parmi les Mammifères Ongulés, le* Dinocéras *portait 3 paires de cornes et 2 canines supérieures en lames de poignard; le* Paléothérium *présentait certains caractères du tapir et du cheval; les premiers* Rhinocéros *n'avaient pas de corne sur le nez.*

92. **Suite des Ongulés.** — Du curieux Phénacodus paraissent également descendre d'autres Ongulés dont l'évolution aboutit au Cheval actuel. Cette évolution est principalement caractérisée par la diminution du nombre des doigts, qui s'atrophient et disparaissent un à un (*fig.* 179). C'est ainsi que les doigts sont au nombre de 5 chez le *Phénacodus*, de 4 chez le *Pachynolophus* et de 3 chez l'*Anchithérium*. Les deux doigts externes deviennent plus courts chez le *Protohippus;* ils sont très atrophiés chez l'*Equus* tertiaire et n'existent plus chez le *Cheval* actuel. Les dents présentent aussi une évolution qui révèle une alimentation omnivore passant progressivement à l'alimentation herbivore. Quant à l'*Hipparion* (*fig.* 176), que l'on a longtemps considéré comme l'ancêtre du cheval, on sait maintenant qu'il n'a formé qu'une courte branche sans descendance.

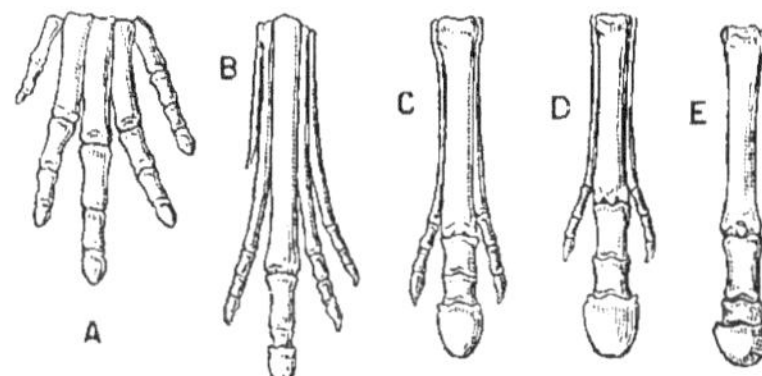

Fig. 179. — *Pieds :*
A, de Phénacodus; B, de Pachynolophus; C, d'Anchitérium; D, de Protohippus; E, de Cheval.

Parmi les Ongulés à doigts pairs, il faut citer l'*Anoplothérium* (*fig.* 177), découvert par Cuvier dans le gypse de Montmartre; il possédait deux doigts indépendants à chaque extrémité et une très longue queue.

Les Ruminants présentent aussi une évolution des doigts et des dents. L'*Oréodon* a 5 doigts, dont un très réduit, et l'*Hyæmoschus* n'en a plus que 4. Le *Xyphodon* (*fig.* 178) en a deux bien développés, mais les deux doigts extérieurs sont extrêmement atrophiés; les deux doigts normaux subsistent seuls chez le *Mouton* actuel. Ajoutons que les cornes des ruminants sont apparues fort petites et se sont peu à peu développées à travers les temps.

❀ *L'étude des autres Ongulés tertiaires montre l'évolution des ancêtres du Cheval par* diminution *du nombre des* doigts. *On observe aussi l'Hipparion, qui n'a pas eu de descendance, puis l'Anoplothérium, le Xyphodon,* etc.

93. **Proboscidiens.** — Les Proboscidiens se manifestent par l'apparition de types éocènes récemment découverts en Égypte : le *Mœrithérium,* sans défenses et sans trompe, et le *Paléomastodonte,* chez lequel s'allongent les incisives et apparaît une petite trompe. Les *Mastodontes* (*fig.* 180) possèdent des défenses à la mâchoire supérieure comme les éléphants, mais ils en ont aussi à la mâchoire inférieure; ces défenses représentent le développement considérable des incisives, esquissé chez le type précédent. Les molaires sont très puissantes, mamelonnées et capables de broyer des végétaux résistants. On connaît plusieurs espèces de Mastodontes et l'on a pu se convaincre que leur évolution est

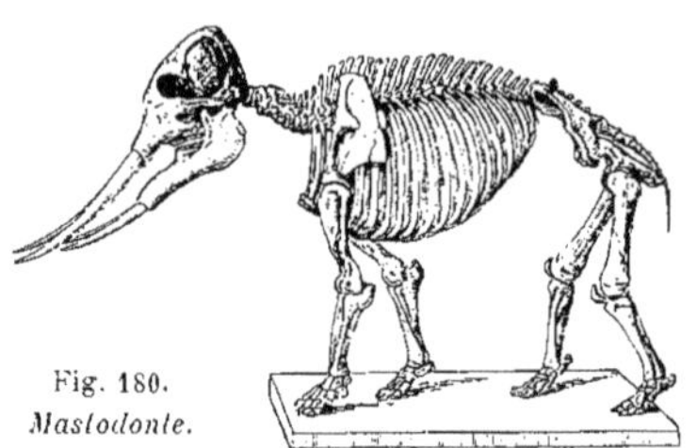

Fig. 180. *Mastodonte.*

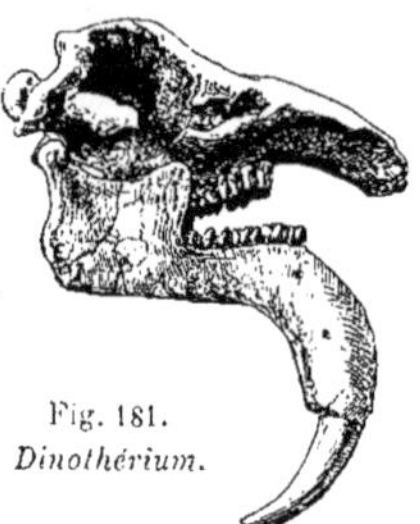

Fig. 181. *Dinothérium.*

Fig. 182. *Machairodus.*

caractérisée par l'allongement des défenses supérieures et de la trompe, et par la disparition des défenses inférieures. Ils passent ainsi aux Éléphants, parmi lesquels on peut citer l'*Éléphant méridional* (*fig.* 189), trouvé à Durfort (Gard) ; cet animal atteignait une hauteur de plus de 4 mètres et se rapprochait de l'éléphant d'Afrique actuel.

Un Prosboscidien bien curieux, contemporain des premiers Mastodontes, est le *Dinothérium* (*fig.* 181). La tête de cet animal était énorme et armée de deux fortes défenses recourbées à la mâchoire inférieure. Ces défenses, dirigées vers le sol, pouvaient être utilisées pour attaquer la terre et chercher des racines dont l'animal se nourrissait ; la trompe était assez courte. Le Dinothérium devait atteindre une hauteur de 5 mètres et une longueur de 6^m,50 ; c'est le plus fort des Mammifères terrestres.

❀ *L'évolution des Proboscidiens tertiaires est principalement marquée par le* développement *progressif de la* trompe *et des défenses* supérieures, *et par la* disparition *des défenses* inférieures ; *les Mastodontes passent ainsi aux Éléphants. Le Dinothérium avait 2 défenses inférieures dirigées vers le sol.*

94. **Carnassiers, Singes.** — Les temps tertiaires ont fourni un certain nombre de Carnivores; les premiers apparus ne pourraient pas être classés dans les ordres présents, mais à la fin de l'ère existaient déjà de nombreuses familles actuelles. Parmi ces animaux, citons un type de grande taille appartenant à la famille des Félidés : le *Machairodus* (*fig.* 182), remarquable par les dimensions extraordinaires de ses deux canines supérieures, qui sont comprimées latéralement, tranchantes, et souvent dentelées, sur le bord postérieur ; ces dents sortaient de sa bouche comme les défenses des morses actuels.

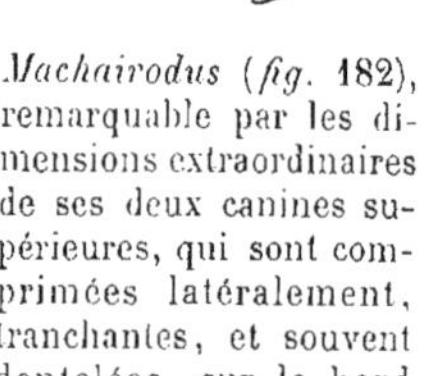

Fig. 183. *Mésopithèque.*

Les premiers Singes furent le *Pliopithèque* de Sansan (Gers), le *Dryopithèque* de Saint-Gaudens (Haute-Garonne), le *Mésopithèque* (*fig.* 183) de Pikermi (Grèce). Plus tard, se place une importante découverte faite à Java en 1892, celle d'un fragment de crâne dont la forme révèle un être qu'il faut placer entre le Chimpanzé et l'Homme préhistorique de la Néanderthal, en Allemagne (*fig.* 212, C). On a donné à cet animal le nom de *Pithécanthrope* (*fig.* 184). Son front est très étroit et fuyant, l'arcade sourcilière est proéminente, la partie postérieure du crâne est très développée. En présence de cette pièce, les savants sont perplexes ; elle permet en effet de se demander si l'homme a évolué comme tous les êtres et s'il a pu avoir des ancêtres analogues au Pithécanthrope. Cette origine, envisagée depuis longtemps, n'aurait d'ailleurs rien d'humiliant pour nous, car il y a plus de gloire à monter qu'à des-

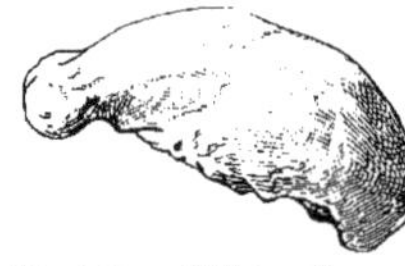

Fig. 184. — *Pithécanthrope*, calotte du crâne.

cendre; mais de nouvelles découvertes sont indispensables pour fixer l'opinion des paléontologistes. Ajoutons que l'existence de l'*Homme* aux temps tertiaires est presque certaine.

❀ *Les Carnivores sont nombreux : le* Machairodus *portait deux longues canines supérieures tranchantes. Les premiers* Singes *sont apparus vers le milieu de l'ère Tertiaire; le* Pithécanthrope, *qui se place entre l'Homme et le Chimpanzé, est moins ancien.*

95. **Travaux de Cuvier.** — Dans le but de rapporter à une famille, à un genre, ou à une espèce, les nombreux ossements qu'il avait à étudier, Cuvier commença par comparer soigneusement les différentes parties des animaux vivants; il créa ainsi l'*Anatomie comparée*, qui devait donner à ses études une si grande valeur et faciliter en même temps la besogne de ses successeurs.

Cette nouvelle science lui permit d'affirmer le principe de la *corrélation des formes*, c'est-à-dire la dépendance parfaite des différentes parties d'un animal, à tel point que l'une de ces parties isolée doit indiquer au paléontologiste la forme de toutes les autres, et, en possession d'un os complet isolé, lui permettre de reconstituer l'animal entier. C'est à ce résultat maintes fois répété que parvint Cuvier. En 1812, notamment, ce savant avait découvert dans le gypse de Montmartre un maxillaire qui présentait une grande analogie avec celui de l'opossum ou sarigue de Virginie, qui est un marsupial; il annonça que l'extraction du fossile entier devait montrer l'existence des os dits marsupiaux dans le bassin de l'animal. Le squelette fut retiré de la roche et les personnes présentes n'eurent qu'à reconnaître l'exactitude des prévisions de Cuvier.

La méthode du maître, adoptée depuis par tous les savants, était d'autant plus précieuse qu'un grand nombre de Mammifères n'existaient dans les terrains qu'à l'état d'os dispersés, et cependant il arriva maintes fois que la découverte d'un squelette entier, succédant à l'étude d'un os isolé, confirma les conclusions de Cuvier.

❀ *Après avoir créé l'*Anatomie comparée, *Cuvier affirma le principe de la* Corrélation des formes; *il parvint ainsi à reconstituer entièrement nombre d'animaux sur des parties isolées. Cette méthode fut d'un grand bénéfice pour la Paléontologie.*

96. **Végétaux tertiaires.** — L'abaissement de la température en France est indiqué par le déplacement des flores; c'est ainsi que les Palmiers diminuent considérablement durant la seconde moitié de cette ère; ils sont peu à peu remplacés par des arbres à feuilles caduques, notamment par les *Chênes* et les *Érables* qui se multiplient. La *Vigne vinifère* fait son apparition. Il existe en France quelques gisements de végétaux fossiles d'une extrême richesse : le calcaire d'eau douce de Sézanne (Marne) a fourni des empreintes d'une telle perfection que l'on a pu obtenir avec beaucoup de soin le moulage de fleurs complètes; les feuilles de toutes les essences de cette époque y sont accumulées avec tous les détails de leurs nervures. Dans le département du Cantal, on trouve dans l'épaisseur de certains dépôts de cendres volcaniques ou *cinérites* (**100**) des lits entièrement formés de feuilles disposées les unes sur les autres, tel que cela se produit au fond des eaux (*fig.* 185).

❀ *Les végétaux tertiaires accusent un déplacement de flores dû à l'abaissement de la température.* Chênes *et* Érables *remplacent les Palmiers; la* Vigne *apparaît.*

Fig. 185. — *Cinérite* à végétaux.

Fig. 186. — Ère *Tertiaire;* Système *Oligocène* : Sables et Grès de la forêt de Fontainebleau.

DIXIÈME CONFÉRENCE

ÈRE TERTIAIRE

97. **Divisions. Système Éocène.** — L'Ère tertiaire a été divisée en 4 systèmes qui sont, de bas en haut : *Éocène, Oligocène, Miocène* et *Pliocène.*

Le caractère dominant de la période Éocène, c'est le développement des *Mammifères.* Des roches assez variées : calcaires, sables, grès, argiles, conglomérats, en constituent la masse sédimentaire. L'émersion de l'Europe va se compléter. En France, au début de la période, la mer occupait le centre du bassin parisien ainsi que l'emplacement des Pyrénées et des Alpes, mais plus tard le soulèvement de ces deux chaînes vidait la mer pyrénéenne et réduisait la mer parisienne à une lagune au fond de laquelle se déposait le gypse. (V. Pl. hors texte, p. 80.)

L'évolution animale marque le perfectionnement des Oiseaux et l'apparition des Cétacés. Les *Nummulites* (*fig.* 187) et leur abondance extraordinaire sont remarquables ; cette abondance est caractéristique de cet âge, et certaines couches calcaires en sont absolument pétries : c'est la *pierre à liards* des carriers.

Les principales formations éocènes, les plus typiques et les plus utilisables, appartiennent aux environs de Paris. Ce sont, de bas en haut : l'Argile plastique (*fig.* 31) qui repose sur la craie blanche précédemment signalée, puis les Sables du Soissonnais, le Calcaire grossier ou pierre à bâtir (*fig.* 27 et 28), souvent riche en

Fig. 187. — *Nummulites.*

nummulites, les Sables de Beauchamp, le Calcaire de Saint-Ouen, le Gypse ou pierre à plâtre (*fig.* 37) et le Calcaire de Champigny. Citons, en outre, les Sables fossilifères de Bracheux (Oise), le Calcaire d'eau douce, riche en végétaux, de Sézanne (Marne), le Conglomérat ou Poudingue de Nemours (Seine-et-Marne), les Poudingues de Palassou (Tarn), le Grès de Menton (Alpes-Maritimes), etc...

❀ *Le Système Éocène marque le développement des* Mammifères *et des* Oiseaux, *et l'apparition des Cétacés. L'abondance des* Nummulites *est caractéristique de cette période. L'Argile plastique, le Calcaire grossier, les Sables de Beauchamp et le Gypse du bassin parisien sont éocènes.*

98. Système Oligocène. — Cet âge est caractérisé par le développement de tous les vertébrés. Calcaires, marnes, pierres meulières, sables et grès, en constituent les principales formations.

Durant cette période, la mer revient dans le bassin parisien; elle est compliquée de vastes lagunes qui atteignent le Massif-Central. L'Atlantique pousse également de grandes étendues lagunaires dans le bassin de la Garonne; la Méditerranée en fait autant dans celui du Rhône; mais à la fin des temps oligocènes toutes ces régions se dessèchent plus ou moins.

Parmi les Mollusques caractéristiques on peut citer des Gastéropodes, assez voisins des cérithes; ce sont les *Potamides* (*fig.* 188), qui vivaient nombreux dans les eaux saumâtres des lagunes.

Fig. 188. *Potamide.*

Des roches très utiles sont extraites dans la région parisienne pour des usages variés. Ce sont : les Argiles blanche, jaune et verte superposées au gypse de Paris, le beau Calcaire de Château-Landon, les Sables et Grès de Fontainebleau, Seine-et-Marne (*fig.* 186), les Calcaires et Meulières de la Brie et de la Beauce.

Les paysages si pittoresques de la forêt de Fontainebleau, les chaos grandioses qu'on y admire, sont dus à l'action des agents atmosphériques sur les sables et grès oligocènes de ce pays. En dehors de la région parisienne, il faut noter le terrain sidérolithique ou à minerai de fer de l'Est et du Centre de la France, l'ensemble de schistes et de grès du Flysch alpin, les Calcaires à *Astéries* du bassin d'Aquitaine, la Mollasse ou calcaire mou de l'Agenais, etc... Des gisements fossilifères extrêmement riches en ossements de mammifères sont les Phosphorites du Quercy et le Calcaire de Saint-Gérand-le-Puy (Allier).

❀ *Le Système Oligocène marque le développement de tous les* vertébrés. *Les fossiles caractéristiques de cette période sont les* Potamides. *Les Sables et Grès de Fontainebleau, les Meulières de la Brie et de la Beauce, les Phosphorites du Quercy, sont oligocènes.*

99. Système Miocène. — Cette période est marquée par l'apparition des Singes; on voit combien s'élève régulièrement l'organisation des animaux. Des calcaires, des mollasses et des *faluns* constituent les couches de cet âge; les faluns sont des calcaires sableux et pétris de fins débris de coquilles fossiles; on les exploite comme amendement pour l'agriculture.

Au cours de cette période, l'Atlantique vient séparer la Bretagne de la France par un détroit semé d'îles; il avance dans le bassin de la Loire et diminue dans celui de la Garonne. La Méditerranée s'allonge dans le bassin du Rhône. (V. Pl. hors texte, p. 80.)

De gros Mammifères sont caractéristiques de cet âge : *Dinothérium* (*fig.* 181) et *Mastodontes* (*fig.* 180) sont nés et se sont éteints aux temps miocènes. La faune compte déjà 20 pour 100 d'espèces actuelles; elle évolue rapidement vers notre faune, car les temps éocènes n'en indiquaient guère que 2 pour 100.

Parmi les formations miocènes, il faut signaler les Sables de l'Orléanais, riches en ossements de gros Mammifères, et les Sables sans fossiles de la Sologne; puis les Faluns de la Touraine et de l'Anjou dont la faible résistance explique le grand nombre de colonies souterraines qui s'y sont fixées. Les Brèches ossifères du Mont-Luberon (Vaucluse) ont fourni de nombreux débris d'herbivores, mais les gisements fossilifères les plus fameux sont ceux de Sansan et de Simorre (Gers), qui ont enrichi les musées; on a compté à Sansan les débris de 70 espèces de mammifères, de 20 oiseaux, 30 reptiles, etc...

❀ *Le Système Miocène marque l'apparition des Singes. La faune compte 20 0/0 d'espèces actuelles. Les Faluns de la Touraine et de l'Anjou, les fameux gisements fossilifères du Mont-Luberon, de Sansan et de Simorre sont miocènes.*

100. **Système Pliocène.** — Les couches Pliocènes sont formées de faluns, de marnes, de sables. Au commencement de la période, la mer présentait en Europe quelques particularités : le Pas-de-Calais n'était pas rompu et la Normandie était reliée à l'Angleterre, l'Espagne l'était aux Baléares, la France à la Corse et à la Sardaigne. En Italie, les Apennins, reliés à la France, formaient une longue presqu'île que quelques îlots continuaient vers la Sicile. Plus tard s'ouvrent les détroits de la Méditerranée. Le détroit breton miocène redevient continental, le bassin de la Garonne se dessèche lentement et la Méditerranée quitte peu à peu le bassin du Rhône. Insensiblement les rivages de France se rapprochent de l'emplacement qu'ils occupent actuellement.

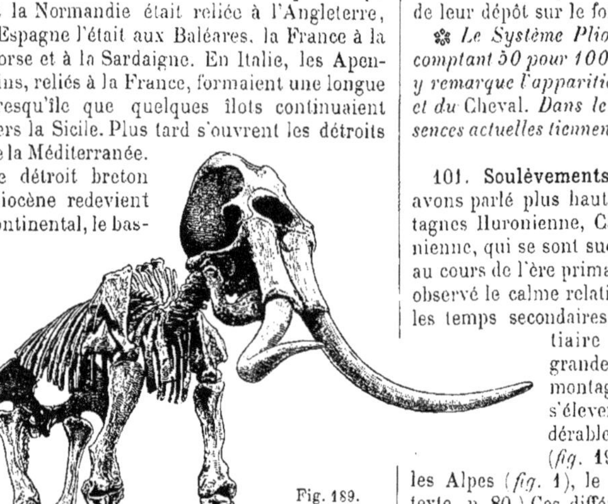

Fig. 189. *Éléphant méridional* trouvé à Durfort (Gard) [haut., 4 m. 15].

L'étude des fossiles pliocènes révèle l'existence de 50 pour 100 d'espèces actuelles : on y remarque l'apparition des vrais Éléphants (*fig.* 189) et du Cheval. L'abaissement progressif de la température chasse les derniers palmiers, et ce sont les essences actuelles qui tiennent la plus grande place dans le monde végétal.

Les terrains de cet âge sont peu représentés en France, car notre pays était presque entièrement émergé; citons cependant les *Cinérites* du Cantal (*fig.* 185), si riches en empreintes végétales; on donne le nom de Cinérite à une roche résultant de la chute de cendres volcaniques à la surface des lacs et de leur dépôt sur le fond.

❀ *Le Système Pliocène révèle une faune comptant 50 pour 100 d'espèces actuelles. On y remarque l'apparition des vrais* Éléphants *et du* Cheval. *Dans le monde végétal, les essences actuelles tiennent la plus grande place.*

101. **Soulèvements tertiaires.** — Nous avons parlé plus haut des chaînes de montagnes Huronienne, Calédonienne et Hercynienne, qui se sont successivement soulevées au cours de l'ère primaire (**66**), et nous avons observé le calme relatif qui avait caractérisé les temps secondaires (**87**). Avec l'ère tertiaire se renouvellent les grandes dislocations et des montagnes vont lentement s'élever à des altitudes considérables : ce sont les Pyrénées (*fig.* 190), le Jura (*fig.* 62), les Alpes (*fig.* 1), le Caucase. (V. Pl. hors texte, p. 80.) Ces différents groupes ne sont que les éléments du grand soulèvement alpin; hors d'Europe, la chaîne des monts Himalaya date également des temps tertiaires. Ces régions, ruinées par les écarts de température et rongées par les glaciers, montrent partout le désordre de leurs masses bousculées.

Fig. 190. — Soulèvements *Tertiaires :* Couches redressées, dans les Pyrénées espagnoles.

Les plis en bosses ou *anticlinaux*, les plis en cuvettes ou *synclinaux* (*fig.* 63), les grandes fractures avec ou sans dénivellations, les redressements de couches, etc., sont caractéristiques de ces pays. Il arrive même que des plis anticlinaux déjà très accusés, et continuant de subir une poussée latérale, se couchent sur des formations plus récentes, puis s'amincissent, se rompent et, transportés plus ou moins loin de leur racine, forment ces immenses terrains auxquels on donne le nom de *nappes de charriage* ou massifs de recouvrement. A toutes les époques, les *tremblements de terre* (**33**) ont marqué les stades les plus violents de ces grands mouvements de l'écorce terrestre.

❀ *Après le calme des temps secondaires l'Ère Tertiaire accuse des* soulèvements *importants : Pyrénées, Jura, Alpes, Balkans, Caucase, monts Himalaya. Ces massifs montagneux montrent l'intensité des* dislocations *qui les ont fait naître.*

102. Soulèvement alpin. — Le soulèvement de la grande chaîne Alpine s'est poursuivi durant une grande partie de l'ère tertiaire; il a commencé dès le début. Les premiers efforts se sont produits du côté des Pyrénées (*fig.* 190). En effet, cette chaîne s'est formée la première; aussi les agents atmosphériques la désagrègent-ils depuis plus longtemps que les Alpes; il en résulte que ses sommets sont plus abaissés et que ses glaciers, plus réduits, sont localisés au voisinage des hautes cimes. Ce premier soulèvement date de la période éocène et du début de l'oligocène. (V. Planche h. t., p. 80.)

Le soulèvement des Alpes, préparé depuis longtemps, a produit son principal effort pendant la période Miocène; il a immédiatement succédé aux ondulations du Jura, dont les plis sont actuellement si intéressants à observer dans certaines *cluses* ou grandes cassures transversales des chaînons (*fig.* 62). La formation des Alpes a été suivie, durant les temps pliocènes, par des tassements, des effondrements qui ont encore compliqué l'architecture de ces montagnes et préparé aux géologues des problèmes qui sont à la fois les plus passionnants et les plus difficiles à résoudre. Encore assez élevées (*fig.* 1), les Alpes n'ont plus cependant l'altitude qu'elles ont atteinte dans le passé; ce sont déjà des ruines : nous l'avons vu lorsque nous avons étudié les Phénomènes actuels.

❁ *Les* Pyrénées *se sont soulevées pendant la période éocène et le début de la période oligocène. Le soulèvement du* Jura *et des* Alpes *s'est produit durant la période miocène. Ces différentes chaînes sont d'autant plus ruinées par les glaciers qu'elles sont plus anciennes.*

103. Volcans du Velay, Limagne. — Le soulèvement des Alpes a eu une influence très étendue; notre Massif-Central a éprouvé de ce fait de nombreuses fractures, avec une notable surélévation. Ces dislocations ont déterminé à sa surface de très importantes manifestations éruptives. En effet, il existe en France un massif volcanique fort curieux, que l'on a l'habitude de considérer comme éteint, et dont les éruptions n'ont pris fin qu'aux temps quaternaires. Ce massif est formé des six groupes principaux de notre *Massif-Central :* Velay, Limagne, Cantal, Monts-Dore, Dômes et chaîne des Puys, Vivarais. Il s'agit là d'éruptions successives (*fig.* 191) et extrêmement intéressantes.

Les monts du *Velay* sont les plus anciens; ils ont débuté avec la période Miocène et ne se sont arrêtés qu'à l'époque Pléistocène; ils présentent une centaine de cratères; certaines coulées de laves y ont une épaisseur de 100 mètres; elles ont souvent formé de belles colonnades basaltiques. Les plus remarquables du Velay sont dans la vallée de la Borne (*fig.* 192), aux environs des villages de Saint-Vidal et des Estreys (Haute-Loire); elles se poursuivent sur une certaine étendue. On a trouvé au volcan de la Denise des ossements confirmant l'existence de l'homme avant les dernières éruptions; cette découverte a été

Fig. 191. — Coupe schématique montrant plusieurs éruptions successives comparables à celles qui se sont produites en Auvergne.
G, G, Soubassement granitique.

faite en 1844 et se trouve au musée du Puy.

La *Limagne* offre également une série d'éruptions du même âge.

❁ *En influençant le Massif-Central, le soulèvement des Alpes y a déterminé des* éruptions volcaniques. *Les monts du* Velay *offrent une centaine de cratères et de belles colonnades basaltiques. L'*homme *y a été témoin des dernières éruptions. Les éruptions de la* Limagne *sont du même âge.*

104. Cantal, Monts-Dore. — Les monts du *Cantal,* qui se sont manifestés du Miocène supérieur au Pliocène moyen, sont différents des précédents; on n'y retrouve plus trace de cratères et l'on ignore si les laves qui s'y sont accumulées sont venues au jour par

Fig. 192. — Colonnades *basaltiques*, près de Saint-Vidal, dans la vallée de la Borne.

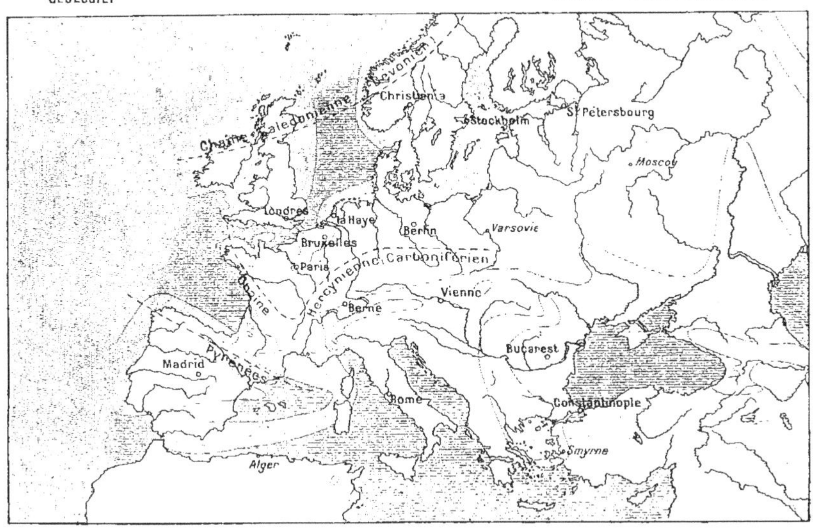

DESSIN APPROXIMATIF DES MERS DE L'ÉOCÈNE MOYEN.

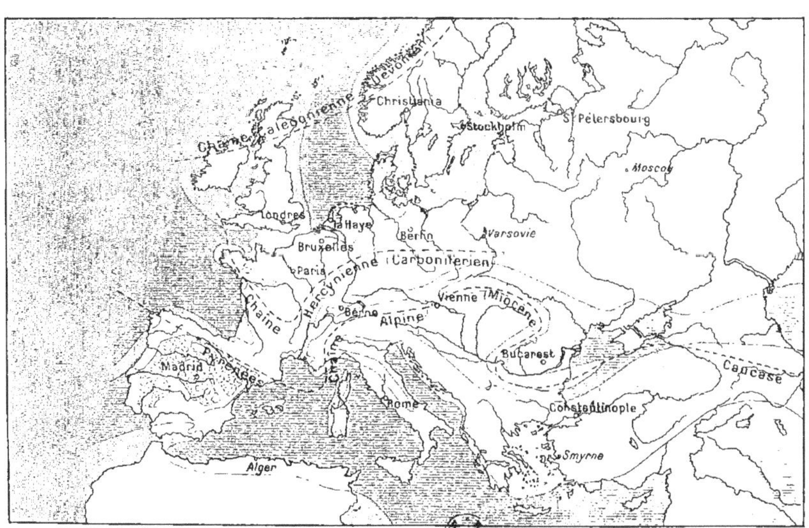

DESSIN APPROXIMATIF DES MERS DU MIOCÈNE MOYEN.

Fig. 193. — Éruptions *volcaniques* du Massif-Central français : le Puy de Sancy (1 886 m.).

une ou plusieurs bouches. Le *Plomb du Cantal* (1 858 mètres) en est le point culminant ; il est formé de basalte. Cette roche a donné naissance à des colonnades à Saint-Flour et à Murat. Plus anciens, les *Monts d'Aubrac* sont un prolongement sud des Monts du Cantal ; ils ont débuté au Miocène inférieur.

Les *Monts-Dore* sont du même âge que les Monts du Cantal ; ils forment un massif extrêmement pittoresque, dont le sommet principal est le *Puy de Sancy* (1 886 mètres), point culminant du Massif-Central (*fig.* 193) ; ce volcan est formé d'une roche porphyroïde qui est le trachyte. Il est arrivé à plusieurs reprises, dans cette partie de l'Auvergne, que des coulées de laves, en barrant les vallées, en ont retenu les eaux ; c'est ainsi que sont nés le lac de Montcineyre et le lac de Chambon.

❀ *Les monts du* Cantal *n'ont plus de cratères; le* Plomb du Cantal *en est le point le plus élevé. Les* Monts-Dore *entourent le* Puy de Sancy, *point culminant du Massif-Central ; les laves de cette région, en barrant les vallées, y ont formé des lacs.*

105. **Monts-Dômes.** — Les *Monts-Dômes* sont les cinquante cratères qui se confondent avec la *chaîne* dite des *Puys*, près Clermont-Ferrand. Les plus anciens sont les *dômes*, qui justifient le nom de la chaîne ; ils sont du Pliocène inférieur. Les principaux sont le Puy de Dôme, le Sarcoui et le Clierzou, qui sont formés d'une roche appelée *domite*. C'est longtemps après les éruptions des dômes, à l'époque Pléistocène, que se sont ouverts les autres volcans du même groupe, les *Puys*, et que se sont épanchées les principales coulées de laves ; ils sont des plus impressionnants. La plupart de ces volcans paraissent éteints d'hier ; ils ne sont pas comblés ; ils bâillent sous le ciel bleu et leur conservation est parfaite. Cette chaîne est donc une des plus récentes du Massif-Central ; son activité ne s'est éteinte qu'après l'apparition de l'homme. Comme au volcan de la Denise (Velay), on a trouvé dans les cendres du petit volcan de Gravenoire, près Royat, un squelette humain. Le point culminant est le *Puy de Dôme*, 1 468 mètres (*fig.* 194). Des cratères

Fig. 194. — *Le Puy de Dôme.*

fort curieux sont ceux des Puys de Pariou, de la Vache et de Lassolas.

Les monts du *Vivarais* sont du même âge que les Puys; on y trouve une roche sonore, appelée *phonolithe*, et qui constitue le *Mézenc* (1 754 mètres), point culminant de cette région. Les cratères les plus curieux : Suc de Bauzon, Gravenne de Montpezat, Coupe d'Aizac, Coupe de Jaujac, sont autour de Vals-les-Bains (Ardèche). Les laves de la Coupe de Jaujac ont formé dans la vallée du Lignon les plus jolies colonnades du Massif-Central. Le plateau des *Coirons* est un prolongement basaltique du Vivarais.

✿ *Les* Monts-Dômes *comprennent les* Dômes *et la chaîne des* Puys *des environs de Clermont-Ferrand; l'Homme a été témoin de leurs dernières éruptions. Le* Puy de Dôme *en est le point culminant. Les monts du* Vivarais *ont de très beaux cratères; leur point culminant est le* Mézenc.

VIII. — TABLEAU-RÉSUMÉ DE L'ÈRE TERTIAIRE.

ORGANISMES ESSENTIELS.	SYSTÈMES.	FOSSILES CARACTÉRISTIQ^{es}.	AFFLEUREMENTS.	FORMATIONS.	SOULÈVEMENTS.	ÉRUPTIONS.
Règne des *Mammifères*. — Acheminement progressif de la faune et de la flore vers les organismes *actuels*.	PLIOCÈNE. .	*Éléphant méridional* . .	Basse Loire, Bourbonnais, Bassins de la Saône et du Rhône, Bordelais, Gascogne.	Cinérites du Cantal.		Dômes, Monts-Dore, Cantal, Limagne, Velay.
	MIOCÈNE. .	*Mastodontes*. .	Orléanais, Viennois, Gascogne, Toulousain.	Brèches ossifères du Vaucluse et du Gers, Faluns de la Touraine, Sables de l'Orléanais.	Alpes, Balkans, Caucase.	
	OLIGOCÈNE	*Potamides* . .	Bassin de Paris et Orléanais, Auvergne, Guyenne, Provence.	Calcaires de la Beauce et de la Brie, Sables de Fontainebleau, Argiles supra-gypseuses.	Jura.	
	ÉOCÈNE. . .	*Nummulites*. .	Bassin de Paris, Orléanais, Touraine, Alpes françaises, Languedoc méridional.	Gypse parisien, Sables de Beauchamp, Calcaire grossier, Sables du Soissonnais, Argile plastique.	Pyrénées.	

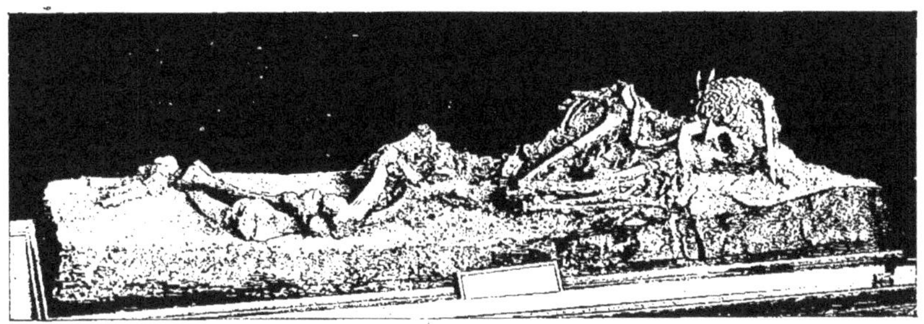

Fig. 195. — *Homme* fossile des grottes dites de Menton (Muséum National d'Histoire Naturelle).

ONZIÈME CONFÉRENCE

ÈRE QUATERNAIRE

106. **Caractères principaux.** — L'Ère quaternaire est à peine commencée; elle se continue actuellement et ses dépôts visibles sont jusqu'à présent bien peu importants. L'organisme essentiellement caractéristique des temps quaternaires est l'*Homme* (*fig.* 195); son existence avant la fin de l'ère tertiaire est certaine pour la plupart des géologues; cependant rien d'absolument positif n'est venu le prouver; toutes les traces indiscutables de son existence, traces recueillies par la science, sont quaternaires. Le climat de cette ère arrive peu à peu à égaler le nôtre; le jeu des saisons s'est précisé. On a attribué le creusement des vallées à de grands courants diluviens (**111**); puis, se basant sur les grandes surfaces du sol recouvertes de traces de glaciers, certains géologues ont cru à un refroidissement brusque de la température durant une partie de l'époque Pléistocène; c'est ce qu'on a appelé la période *Glaciaire* (**113**).

Les dépôts quaternaires sont localisés aux fonds des vallées, aux embouchures des fleuves (alluvions, deltas), aux rivages de la mer (sables, galets, dunes), aux massifs montagneux (éboulis, moraines). Les dépôts de grande étendue sont actuellement invisibles et se forment lentement au fond des océans. L'Ère quaternaire ne comporte pas à proprement parler de divisions; on a cependant donné le nom de *Pléistocène* à l'époque durant laquelle vivaient les grands Mammifères disparus.

⁂ *Les dépôts Quaternaires sont les alluvions, les plages, les dunes, les moraines. L'*Homme, *apparu à la fin de l'ère tertiaire, est néanmoins caractéristique de cette époque. L'époque* Pléistocène *correspond à l'existence des grands mammifères disparus.*

107. **Proboscidiens pléistocènes.** — Le Mastodonte a disparu de l'Ancien Continent avec les temps tertiaires, mais il a persisté dans l'Amérique du Nord durant l'époque Pléistocène. En Europe vivaient plusieurs Proboscidiens tels que l'*Éléphant antique* (E. antiquus), haut de 4m,50; l'*Éléphant ancien* (E. priscus) était moins gros. On a trouvé dans l'île de Malte de très petits Éléphants dont une espèce, l'*Éléphant de Falconer*, n'avait qu'un mètre de hauteur.

Mais, parmi ces animaux, le plus classique est le *Mammouth* ou *Éléphant primitif* (*fig.* 196). Cet animal, dont l'homme préhistorique a dessiné, gravé ou peint la représentation (**119**), était fort répandu en Europe, en Asie et en Amérique du Nord. Ce sont des ossements de Mammouth qui furent autrefois attribués à des hommes gigantesques et dispa-

Fig. 196. — *Mammouth* (long., 5 m.).

rus, qui auraient été nos ancêtres; mais on a fini par découvrir des squelettes entiers de mammouths et même des cadavres munis de leur chair, de sorte que ces fables se sont heureusement effondrées.

Le premier de ces cadavres fut trouvé en 1799; il était engagé dans les glaces près de l'embouchure de la Léna, en Sibérie; il avait encore la plus grande partie de sa chair et de sa peau, laquelle était recouverte d'une abondante fourrure de crins noirs et de laine rousse. Le savant russe Adams rapporta ce mammouth en 1806. Le dernier trouvé le fut en 1900, sous la glace des rives de la Berezofka (Russie). Le Mammouth porte des défenses fortement recourbées à droite et à gauche. En Europe, ses débris ont été retrouvés en France, Belgique, Allemagne, Italie, etc.

❀ *Il n'y a plus de Mastodontes sur l'Ancien-Continent, et les Proboscidiens Pléistocènes sont des* Éléphants; *le plus classique est l'Éléphant primitif ou* Mammouth, *dont on a retrouvé plusieurs individus complets, munis de leur chair et de leur fourrure, dans les glaces de la Sibérie.*

Fig. 197. — *Élasmothérium*.

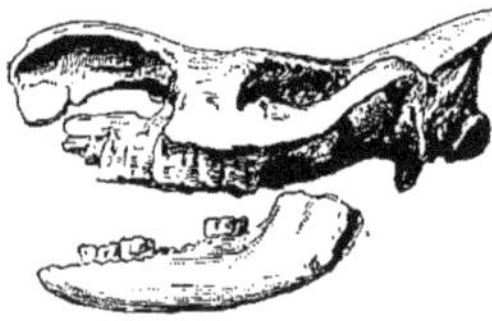

Fig. 198. — *Rhinocéros de Merck*.

Fig. 199.
Cerf des tourbières
(haut., 2 m. 70).

108. **Ongulés, Carnivores.** — En même temps que le Mammouth, vivait le *Rhinocéros à narines cloisonnées*, qui portait sur le nez deux cornes de grandes dimensions; on a trouvé cet animal à plusieurs reprises dans les glaces de la Sibérie, avec sa chair et sa peau recouverte d'une fourrure grossière. Une autre espèce, le *Rhinocéros de Merck* (*fig.* 198), possédait également une abondante fourrure et habitait une grande partie de l'Asie. Un Ongulé voisin des précédents, l'*Élasmothérium* (*fig.* 197), portait, non sur le nez, mais sur le front, une corne extrêmement puissante; sa taille variait de 4 à 5 mètres de longueur.

Fig. 200. — *Ours des cavernes* (long., 2 m. 50).

Parmi les Ruminants, il faut signaler l'existence de plusieurs cerfs disparus, et en particulier du grand *Cerf des Tourbières* (*fig.* 199), dont les bois palmés et analogues à ceux de l'Élan actuel présentaient une envergure qui pouvait atteindre 4 mètres. L'*Aurochs* ou *Bœuf primitif* était de grande taille et avait les cornes droites et horizontales. Parmi les

Pachydermes, l'*Hippopotame* peuplait les rives des cours d'eau de l'Europe centrale.

Les Carnivores étaient représentés par un certain nombre d'espèces intéressantes. Citons en Europe le *Lion des cavernes*, le *Chat antique*, gros comme une Panthère, l'*Hyène des cavernes* et le fameux *Ours des cavernes* (*fig.* 200) qui était énorme. Les ossements de ces animaux ont été trouvés dans des cavernes, de là le nom d'espèce que l'on a donné à quelques-uns d'entre eux; ils y représentent, selon les cas, les apports des eaux sauvages, les débris de la chasse de l'Homme, les proies des bêtes, ou les cadavres d'animaux morts dans leur repaire.

❀ *Les* Ongulés *Pléistocènes étaient des Rhinocéros, puis l'Élasmothérium qui portait une puissante corne sur le front, le grand Cerf des tourbières, l'Aurochs ou Bœuf primitif, l'Hippopotame. Les* Carnivores *sont le Lion des cavernes, l'Hyène des cavernes et l'Ours des cavernes.*

109. Édentés, Oiseaux. — Les limons quaternaires de la République Argentine ont fourni de curieux Édentés, dont un genre de très grande taille : le genre *Mégathérium*, qui comprend plusieurs espèces. Le

Fig. 201. *Mégathérium* (haut., 3 m. 60).

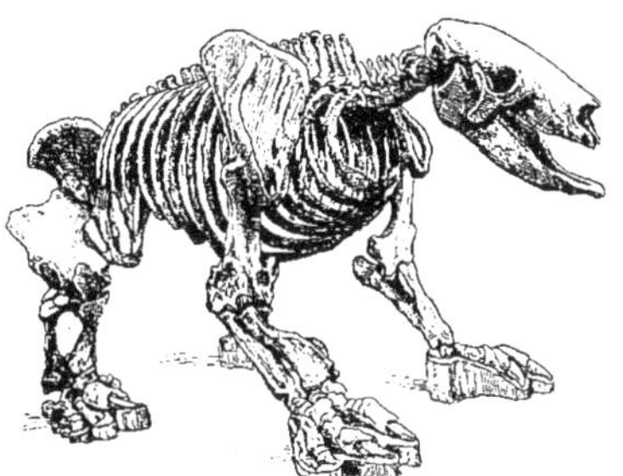

Fig. 202. — *Scélidothérium* (long., 2 m. 50).

Mégathérium de Cuvier (*fig.* 201) avait une longueur de 4 mètres; ses membres courts ne lui donnaient qu'une hauteur de 2m,50; mais cet animal devait se tenir fréquemment debout pour atteindre les feuillages dont il se nourrissait, et il utilisait alors sa queue puissante comme un point d'appui. Le *Glyptodonte* (*fig.* 203) était protégé par une épaisse carapace très arrondie, rigide et formée d'un nombre considérable de pièces hexagonales, soudées entre elles comme les éléments d'une mosaïque; sa queue était entièrement cuirassée. Le *Scélidothérium* (*fig.* 202), par la forme de son crâne, rappelle le fourmilier actuel.

De grands Oiseaux disparus vivaient en Nouvelle-Zélande; ils appartenaient au genre *Dinornis* (*fig.* 205). Les pattes de ces animaux étaient extrêmement puissantes, munies de trois doigts et construites pour la course; les espèces les plus grandes mesuraient 3m,50 de hauteur; leur disparition doit être relativement récente. Il en est de même d'un

Fig. 203. — *Glyptodonte* (long., 2 m. 90).

oiseau gigantesque dont on retrouve les restes à Madagascar, l'*Æpyornis*, dont les œufs avaient une capacité de 8 litres. Enfin un oiseau des plus bizarres, le *Dronte* (*fig.* 204), habitait l'île Maurice : sa disparition ne date que de deux siècles : il était lourd et ne pouvait voler, ses pattes étaient très courtes; ainsi mal armé, il devait périr de bonne heure.

❀ *De curieux* Édentés *Pléistocènes habitaient l'Amérique du Sud : Mégathérium de Cuvier, et Glyptodonte recouvert d'une énorme carapace. Des* Oiseaux *de grande taille étaient le Dinornis de la Nouvelle-Zélande, puis l'Æpyornis de Madagascar, dont les œufs avaient une capacité de 8 litres.*

110. **Animaux émigrés.** — Après avoir énuméré les principales formes éteintes, il est important de jeter un rapide coup d'œil sur les espèces qui ont habité nos pays durant l'époque Pléistocène, et qui depuis ont émigré, les unes vers des régions plus froides, les autres vers des pays plus chauds.

Parmi les premiers, le plus important, le plus répandu, était le *Renne*, actuellement retiré dans les terres boréales; cet animal rustique, aux membres forts, aux sabots larges, est domestiqué par les Lapons (*fig.* 207), qui l'utilisent comme bête de trait pour leurs traîneaux ; ils se nourrissent de sa chair et s'habillent de sa peau. L'*Élan*, le *Bœuf musqué* et le *Glouton* sont également localisés dans les régions du nord. Mais leur émigration vers le nord n'indique pas nécessairement que ces animaux vivaient en nos pays, aux temps préhistoriques, parce qu'il y faisait plus froid, et il n'est pas certain qu'ils les ont brusquement quittés parce que la température y est devenue plus douce. On peut supposer que ces espèces ont fui peu à peu devant l'expansion, dangereuse pour elles, de l'humanité; qu'elles se sont lentement dirigées vers des régions qui leur offraient plus de sécurité, et qu'elles se sont progressivement adaptées à un climat différent. L'histoire de la vie animale sur la Terre est encombrée d'exemples de ce genre et, actuellement, les espèces qui n'émigrent pas sont rapidement détruites par l'homme.

Pendant que ces animaux fuyaient l'homme en se dirigeant vers le nord, d'autres, comme l'*Ours*, le *Bouquetin* (*fig.* 206), le *Chamois*, la *Marmotte*, trouvaient dans les montagnes la solitude qui leur était chère. Enfin, les descendants des *Hippopotames, Rhinocéros, Éléphants, Lions, Hyènes* disparus, gagnaient peu à peu les contrées méridionales, où ils sont représentés actuellement par des espèces appartenant aux mêmes genres.

❀ *Les animaux Pléistocènes* émigrés *depuis cette époque sont : Renne, Élan, Bœuf musqué, Glouton, vivant maintenant dans les régions* boréales; *Ours, Chamois, Marmotte, réfugiés dans les* montagnes; *Hippopotame, Rhinocéros, Éléphant, Lion, Hyène, émigrés dans les régions* tropicales.

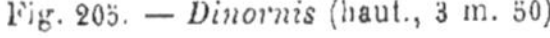

Fig. 204. — *Dronte.*

Fig. 205. — *Dinornis* (haut., 3 m. 50).

Fig. 206. — *Bouquetin.*

Fig. 207. — Domestication du *Renne*, chez les Lapons.

111. Courants diluviens. — Deux faits extrêmement douteux ont été longtemps présentés comme indiscutables et se seraient produits durant les temps Pléistocènes : ce sont d'abord les grands *courants diluviens*, auxquels on devrait le creusement des vallées actuelles, et la *période glaciaire*. Ce sont, en quelque sorte, les deux derniers cataclysmes qui subsistent en géologie.

Deux faits paraissaient confirmer la théorie des courants diluviens : c'étaient la disproportion apparente entre la largeur des vallées et celle de leurs rivières, et le dépôt de gros cailloux qui existe souvent à la partie inférieure des alluvions. On a attribué les grands courants à un excès de précipitations atmosphériques, de pluies torrentielles, qui auraient caractérisé une partie des temps Pléistocènes, et qui auraient donné à la circulation superficielle des eaux une intensité extraordinaire. Ces eaux, par leur volume et leur vitesse, auraient été douées d'une action érosive très grande et auraient profondément raboté le sol. En se précipitant vers les dépressions et en y produisant un maximum d'effet, elles auraient arraché et emporté un tel cube de matériaux qu'il en serait résulté le réseau actuel de nos vallées. Enfin, depuis la fin de cette période diluvienne, le creusement desdites vallées se serait complètement *arrêté*, et elles n'auraient plus éprouvé de changements ni dans leur profil longitudinal, ni dans leur profil transversal.

❁ *Longtemps on a attribué le creusement des vallées actuelles à de grands* courants diluviens. *Ces courants, doués d'une grande force d'érosion, auraient été produits par une longue période de pluies torrentielles.*

112. Creusement des vallées. — Depuis que nous savons que le temps qui nous sépare du début de l'ère quaternaire a été prodigieusement long, il est inutile d'avoir recours à la théorie des courants diluviens pour expliquer le *creusement des Vallées*. En réalité, M. Stanislas Meunier l'a démontré depuis longtemps : il s'agit d'un travail d'érosion très lent, qui ne s'est jamais arrêté, se poursuit de nos jours et dont le premier auteur est la *pluie*. Les dépressions qui ne con-

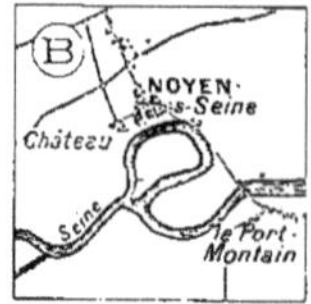

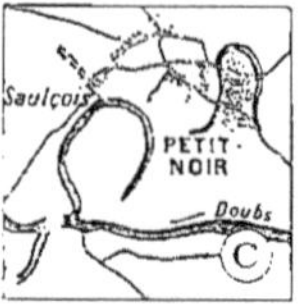

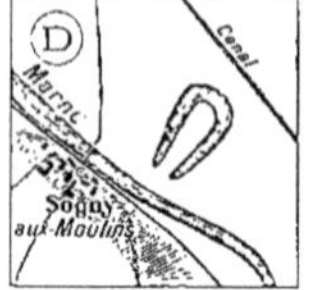

Fig. 208. — Évolution d'un *Méandre* :
A, rapprochement des deux courbes ; B, rupture de l'isthme ; C et D, isolement progressif de l'ancien méandre ou fausse rivière ; E, la fausse rivière après le dessèchement.

tiennent pas encore de cours d'eau s'érodent par le fait du ruissellement sur toute la surface de leurs versants ; elles reçoivent encore le suintement de l'infiltration, et l'érosion s'accuse sur le fond par l'écoulement temporaire de ces eaux réunies. Lorsque le vallon, en s'approfondissant, arrive au voisinage d'un terrain imperméable, il rencontre une nappe aquifère qui donne alors naissance au cours d'eau et lui assure un débit constant. Rappelons à ce propos combien l'action de la pluie est considérable (**59**) : depuis le début du Pléistocène, le sol de l'Auvergne a été abaissé sur 600 mètres d'épaisseur par la pluie seule, et comme le phénomène a eu lieu dans tous les pays, il fournit largement de quoi expliquer le premier creusement des vallées.

Une fois nés, les cours d'eau, dont les rives paraissent immobiles, vont se déplacer et agir avec le temps sur toute la surface du fond de leur vallée. En effet, les rivières présentent d'un bout à l'autre de leur cours une série de courbes qui, lorsqu'elles sont très accusées, prennent le nom de *méandres*. Chaque sinuosité d'une rivière montre une rive dont la courbe est concave et une rive dont la courbe est *convexe ;* or, les eaux affouillent toujours les rives concaves ; au contraire, elles déposent sur les rives convexes un banc de sable ou de cailloux.

On comprend alors que les rives concaves reculent constamment sous l'effort des eaux et que les rives convexes avancent toujours à la faveur des apports ; il en résulte que le cours d'eau tout entier se déplace d'une façon insensible et continue, arrivant ainsi à *balayer* et à *remanier* successivement tous les points du fond de sa vallée, ce qui en explique la largeur. A ce mécanisme vient toujours s'ajouter l'action du *ruissellement* sur les deux versants. Enfin, le lavage répété des alluvions remaniées produit à la partie inférieure un résidu de gros cailloux qui n'ont pu être entraînés, et qui augmente toujours d'épaisseur. On peut ainsi comparer l'allure d'une rivière à la progression d'un serpent qui laisse sur le sable une trace beaucoup plus large que celle de son corps. Le travail des cours d'eau est encore démontré par l'évolution de certains méandres : deux courbes en se rapprochant peuvent entraîner la rupture, l'isolement et le dessèchement d'une partie de la rivière (*fig.* 208).

❀ *Les cours d'eau tranquilles ont creusé des vallées larges, grâce au* déplacement *lent de leurs courbes ou* méandres ; *ce déplacement résulte de l'affouillement des rives* concaves *et de l'alluvionnement des rives* convexes ; *il leur permet d'agir, avec le temps, sur toute la* surface *du fond de leur vallée.*

113. Période glaciaire. — Pour les partisans de la *Période glaciaire*, ce phénomène est le complément logique des grands courants diluviens ; il résulte, comme eux, d'un excès considérable de précipitations atmosphériques. A la faveur de ce régime, qui, dans les régions élevées, aurait fourni des quantités anormales de neige, le nord de l'Europe et la grande masse des Alpes se seraient couverts de glaciers gigantesques qui envahirent les plaines (*fig.* 209). Il s'en serait suivi un abaissement très sensible de la température, et une faune, répondant à ce climat rigoureux, se serait produite. Il existe d'ailleurs autour du massif actuel des Alpes, et sur un rayon considérable, d'importantes traces d'origine glaciaire; il en est de même dans le Jura et dans les Vosges. Enfin, des blocs énormes, ou blocs *erratiques,* transportés loin de leur lieu d'origine, recouvrent une partie de l'Allemagne et de la Russie, et ne laissent aucun doute sur l'action glaciaire qui les a apportés.

En dehors des blocs déposés un peu partout, les grandes surfaces polies sont très répandues dans les Alpes (*fig.* 210). Dans la haute vallée de l'Aar, du haut en bas de leurs parois gigantesques, les montagnes sont absolument polies, striées; sur de grandes surfaces, leur nudité est entière, aucune végétation n'ayant pu se fixer sur leurs flancs. Des traces de ce genre se retrouvent en dehors du massif, et le Glacier du Rhône a dû atteindre l'emplacement de la ville de Lyon. Ajoutons que les défenseurs de cette invasion glaciaire prétendent que toutes les surfaces qui en portent les traces auraient été recouvertes *en même temps* par les glaces; ce dernier point de vue est cause du malentendu qui divise les géologues.

❀ *La* Période glaciaire *caractérisée par un refroidissement brusque de la température serait due à une longue période de neiges très abondantes. Traces de glaciers, moraines, blocs transportés, représentent les vestiges dont il s'agit d'expliquer la présence.*

Fig. 209. — Carte des régions européennes portant des traces *glaciaires.*

Phot. de M. Aug. Robin.

Fig. 210. — Paroi de montagne *polie* par les *glaciers* pléistocènes.

114. Histoire des Alpes. — Il faut commencer par apprendre que l'on n'a jamais pu trouver la cause des grandes précipitations atmosphériques. Par contre, M. Stanislas Meunier a pu expliquer l'action des glaciers alpins au début de l'Ère quaternaire. En effet, le grand soulèvement des Alpes venait de se produire au cours de l'ère tertiaire; l'ampleur et l'altitude de la chaîne étaient alors beaucoup plus considérables que de nos jours. Mais cela ne veut pas dire que ces régions ont été recouvertes en même temps par les glaces; les traces reconnues peuvent être dues au recul progressif des glaciers qui formaient autrefois une véritable frange autour du grand massif montagneux. En rongeant les montagnes, ces glaciers se sont peu à peu rapprochés du centre des massifs, *gagnant* en amont le terrain qu'ils *perdaient* en aval, c'est-à-dire à leur base, et laissant après eux des traces et des débris caractéristiques facilement reconnaissables. Tous les glaciers actuels reculent et n'ont cessé de reculer depuis les temps

Pléistocènes. Des animaux amis du froid pouvaient vivre au voisinage de ces glaciers ; ceux qui préféraient une température plus douce la trouvaient en s'éloignant de ces régions élevées. Il paraît donc raisonnable d'attribuer la grande étendue des traces glaciaires en Europe au soulèvement récent des Alpes et au recul de leurs glaciers. D'autre part, les glaces flottantes d'origine scandinave, qui dérivaient à la fin des temps tertiaires sur l'emplacement de la Baltique, abandonnaient vraisemblablement des blocs sur l'Allemagne immergée, comme l'Atlantique en abandonne actuellement dans sa partie septentrionale.

❀ *A l'époque Pléistocène, les montagnes d'Europe qui venaient de se soulever remplissaient un espace beaucoup plus vaste que celui qu'elles occupent actuellement. C'est dans* le recul progressif *de leurs glaciers qu'il faut voir la cause principale des vestiges reconnus.*

IX. — TABLEAU-RÉSUMÉ DE LA CLASSIFICATION DES TERRAINS.

ÈRES.	ORGANISMES ESSENTIELS.	SYSTÈMES.	FOSSILES CARACTÉRISTIQUES.	DISTRIBUTION GÉOGRAPHIQUE.	ACTION INTERNE.
QUATERNAIRE	Homme.	PLÉISTOCÈNE . .	*Mammouth*	Vallées, rivages, massifs montagneux.	Vivarais. Chaîne des Puys.
TERTIAIRE	Règne des Mammifères.	PLIOCÈNE.	*Éléphant méridional.*	Bourbonnais, Bassin de la Saône, Gascogne.	Dômes. Monts-Dore. Cantal.
		MIOCÈNE	*Mastodontes*	Orléanais, Viennois, Gascogne, Toulousain.	Limagne. Velay. Chaîne alpine.
		OLIGOCÈNE. . . .	*Potamides*.	Bassin de Paris, Auvergne, Guyenne.	Jura. Pyrénées.
		ÉOCÈNE.	*Nummulites*.	Bassin de Paris, Alpes françaises.	
SECONDAIRE	Règne des Rudistes, Ammonites et Dinosauriens.	CRÉTACIQUE . . .	*Scaphites*.	Seine-Inférieure, Picardie, Artois, Champagne, Saintonge, Pyrénées, Bassin du Rhône.	
		JURASSIQUE . . .	*Ichthyosaure* . . . . . . *Plésiosaure*	Grand 8 enfermant le bassin de Paris et le Massif-Central.	
		TRIASIQUE	*Cératites*.	Alsace-Lorraine, Alpes franco-italiennes.	
PRIMAIRE	Règne des Trilobites.	PERMIEN	*Protriton*	Bourbonnais, Autunois, Limousin, Provence.	
		CARBONIFÉRIEN.	*Productus*	Bassins franco-belge et de la Loire, Finistère.	Chaîne Hercynienne (Bretagne, Ardennes, Vosges, Hartz).
		DÉVONIEN.	*Spirifères*	Belgique orientale et Ardennes, Bretagne, Pyrénées.	Chaîne Calédonienne (Écosse. Scandinavie).
		SILURIEN.	*Graptolites*	Cotentin, Bretagne, Anjou, Pyrénées.	
		PRÉCAMBRIEN. .	*Traces*	Cotentin, Bretagne, Anjou, Vendée, Pyrénées.	Chaîne Huronienne (Régions boréales).
ARCHÉEN.				Bretagne, Pyrénées, Massif-Central, Alpes.	

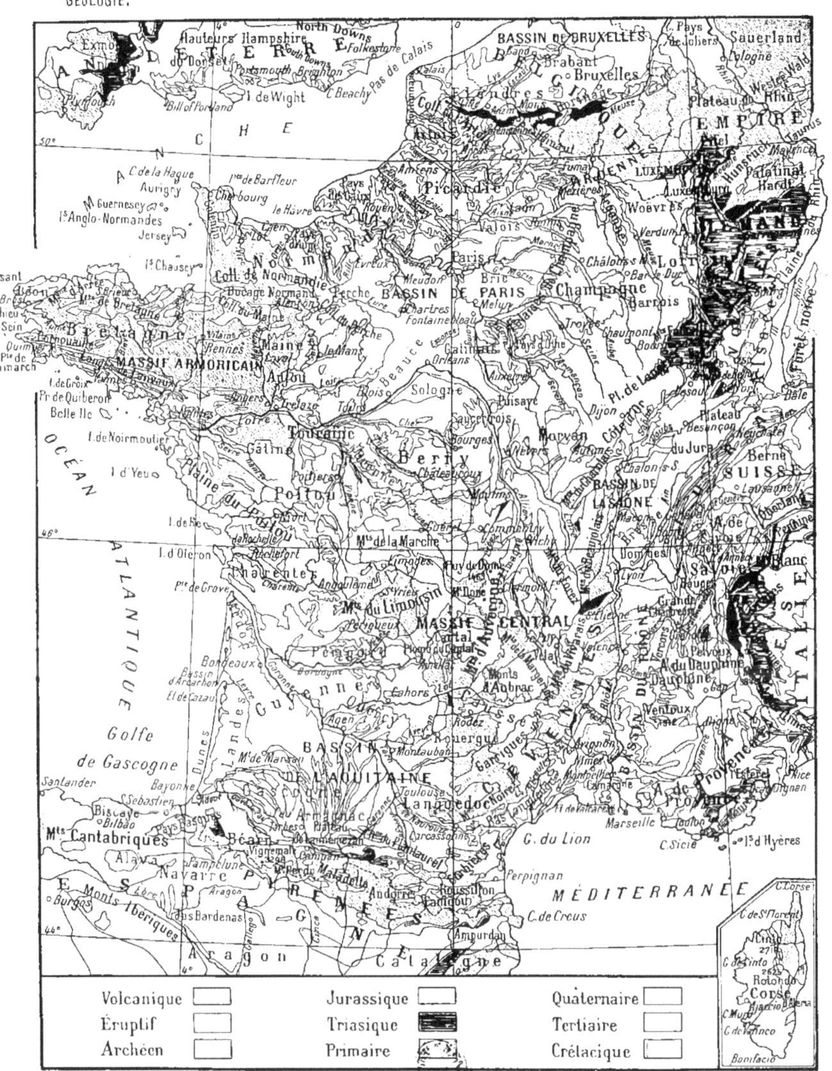

CARTE GÉOLOGIQUE DE LA FRANCE.

Fig. 211. — Village lacustre malais, donnant une idée des *habitations lacustres* Néolithiques.

DOUZIÈME CONFÉRENCE

L'HOMME

115. Découvertes de Boucher de Perthes. — C'est au milieu du XIXe siècle que s'agita l'importante question de l'antiquité de l'Homme, de l'existence de l'*Homme fossile*, de celui qui fut contemporain des grands mammifères disparus. Un antiquaire de grand mérite, Boucher de Perthes, avait découvert dans les alluvions anciennes de la vallée de la Somme des silex qu'il présenta comme ayant été taillés par la main de l'homme. Avec une grande patience, il multiplia ses recherches et finit par réunir une admirable collection. Malheureusement la science lui fit une longue et douloureuse opposition. On attribua au hasard la forme des objets trouvés, on prétendit que les alluvions dans lesquelles ils avaient été recueillis avaient été remaniées par l'homme ; on refusait toute authenticité à ses trouvailles. Cependant, vers 1860, quelques savants français furent mis en éveil par l'intérêt que les savants anglais paraissaient attacher aux recherches de Boucher de Perthes; ils se décidèrent à visiter les carrières d'alluvions, purent voir que les dépôts en étaient intacts, et y trouvèrent des silex taillés; c'est alors que notre grand paléontologiste, Albert Gaudry, put proclamer l'importance des travaux de Boucher de Perthes et l'existence de l'homme fossile. D'ailleurs, en 1883, les mêmes alluvions fournissaient une mâchoire humaine qui venait confirmer les découvertes précédentes et dont l'authenticité fut reconnue par un savant anthropologiste français, M. de Quatrefages.

❀ *C'est à Boucher de Perthes que l'on doit la découverte des silex taillés par l'homme préhistorique ; la longue et douloureuse opposition qui lui fut d'abord faite fut heureusement récompensée, plus tard, par l'adhésion des savants, tels que A. Gaudry et de Quatrefages.*

116. L'Homme fossile. — Malgré le nombre assez limité des ossements humains fossiles, on a pu reconnaître en Europe trois races principales. La plus ancienne, dite de la *Néanderthal* (*fig.* 212, C), est représentée par les débris recueillis dans la Néanderthal et à Cannstadt (Allemagne), à Spy (Belgique), dans quelques dolmens français et à Malar-

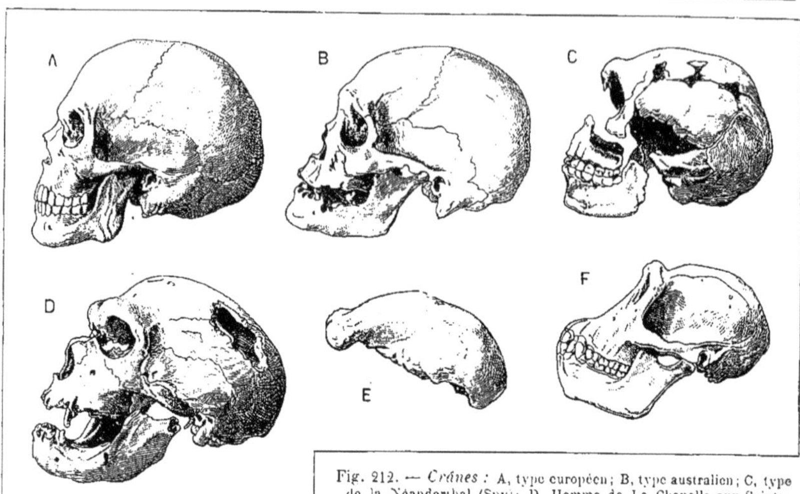

Fig. 212. — *Crânes :* A, type européen ; B, type australien ; C, type de la Néanderthal (Spy) ; D, Homme de La Chapelle-aux-Saints ; E, Pithécanthrope de Java (calotte du crâne) ; F, Chimpanzé actuel.

naud (Ariège). Chez cette race, le crâne est très allongé et aplati latéralement ; les arcades sourcilières sont très proéminentes, le front est bas et fuyant, le menton est également fuyant ; c'est un type très inférieur. La seconde race est celle de *Cro-Magnon* (*fig.* 225), ainsi appelée parce que c'est dans cette localité de la Dordogne que les ossements les plus intéressants ont été trouvés. Ce type est nettement supérieur au précédent ; le front est droit, haut et large, la face est large et les pommettes saillantes. La troisième race, dite de *Furfooz* (Belgique), présente un crâne dont la longueur ne dépasse pas la plus grande largeur ; il est très court et comme tronqué à sa partie supérieure.

En dehors de ces trois races, on connaît actuellement deux types plus inférieurs qui viennent se placer entre la race de la Néanderthal et le chimpanzé. L'un est l'*Homme* de *La Chapelle-aux-Saints* (*fig.* 212, D), découvert en cette localité de la Corrèze en 1908 et soigneusement étudié par M. Marcellin Boule ; ce type appartient à la race de la Néanderthal, mais avec des caractères d'infériorité beaucoup plus accusés. C'est un individu de petite taille et d'un âge assez avancé. Le crâne est encore plus aplati que chez les types connus jusqu'alors de la Néanderthal ; le front est ainsi très fuyant. Les arcades sourcilières sont extrêmement saillantes et le prognathisme, ou proéminence des maxillaires, est très accusé et forme une sorte de museau. Il s'agit bien d'un homme, mais avec des caractères simiens très nets. Ses ossements datent de la partie moyenne de l'époque Pléistocène.

Le type le plus inférieur et le plus ancien est le *Pithécanthrope* pliocène, dont il a été parlé plus haut (**94**), et dont les caractères sont des plus impressionnants (*fig.* 212, E).

❁ *Les trois races préhistoriques sont celles de la* Néanderthal, *dont le type est très inférieur ; de* Cro-Magnon, *sensiblement supérieur au précédent, et de* Furfooz, *dont le crâne est court et tronqué. Le curieux type de La Chapelle-aux-Saints est inférieur aux autres types de la Néanderthal.*

117. Divisions des temps préhistoriques. — L'ère quaternaire a été divisée en deux parties correspondant à deux phases de l'existence de l'homme.

La première est l'époque *Paléolithique*, durant laquelle il taillait la pierre (*fig.* 213) dans le but d'obtenir des outils ou des armes : c'est l'âge de la *pierre taillée*. L'homme vivait alors dans des grottes et se livrait à de nombreux travaux ; en dehors de la pierre, il taillait l'os, l'ivoire, les bois de renne, il en faisait notamment des pointes barbelées pour la chasse et la pêche ; il gravait le schiste et il ornait parfois sa demeure de gravures et de peintures qui indiquent un très réel sentiment artistique (**119**).

La seconde division est l'époque *Néolithique*, pendant laquelle l'homme n'a pas cessé de tailler la pierre, mais y ajoutait le luxe de la polir : c'est l'âge de la *pierre polie*. En outre, il a abandonné l'art du dessin ; il s'est multiplié considérablement ; il doit subvenir à son existence ; aussi a-t-il ajouté l'agriculture à la chasse, qui offre moins de ressources à mesure que le gibier diminue. Puis il paraît avoir voulu se mettre à l'abri de certains dangers en se construisant des cabanes montées sur pilotis, ou *palafittes*, dans des eaux peu profondes (**121** et *fig.* 211). Les époques Paléolithique et Néolithique réunies constituent la *Préhistoire ;* c'est ensuite que se succèdent les âges du bronze et du fer et que débutent les temps historiques.

L'existence de l'homme dès le commencement de l'ère quaternaire est donc révélée par des silex extrêmement nombreux ; mais il n'est plus douteux maintenant qu'il existait déjà aux temps Pliocènes. Rappelons qu'il a été témoin des dernières éruptions volcaniques du Massif-Central et que deux squelettes humains ont été trouvés dans les cendres de ces volcans (**103, 105**).

✾ *L'Homme* Paléolithique *taillait la pierre, vivait dans des grottes et faisait des gravures et des peintures grossières. L'homme* Néolithique *taillait et polissait la pierre et se livrait à l'agriculture. On croit à l'existence de l'Homme à la fin des temps tertiaires.*

118. Age de pierre. — L'*Age de pierre* embrasse la partie de l'existence de l'humanité comprise entre le jour où l'homme a augmenté la production de son travail, en substituant à l'action directe de ses mains quelque chose de plus résistant et de plus puissant (*fig.* 213), et le jour où il a eu connaissance des métaux ; mais on ne connaîtra jamais le nombre de siècles durant lesquels l'*Homme primitif* et bestial a lutté sans armes avant d'arriver à son premier silex. L'homme *Paléolithique* a dû commencer par employer des éclats naturels de silex ; lorsqu'il a vu quel parti il pouvait tirer de cet outil rudimentaire, il s'est mis à en briser des morceaux afin d'obtenir des éclats plus nombreux. En utilisant couramment cette matière, il a été amené à modifier la forme des fragments qui ne lui convenaient pas et à les perfectionner, et il obtenait des grattoirs, des pointes, des burins, des râcloirs. C'est plus tard qu'il ajouta à cette industrie la fabrication patiente des objets en pierre très finement taillée et en pierre polie ; l'homme *Néolithique* occupait ainsi ses loisirs à faire des petits chefs-d'œuvre. Mais il est bien entendu que ces pierres représentent une industrie très avancée et résultant des essais successifs de nombreuses générations. C'étaient des objets de luxe, d'apparat ou de superstition. Le temps qu'il fallait consacrer à leur taille ou à leur polissage n'était évidemment pas proportionné à la rapidité de leur dégradation. C'est pourquoi les silex taillés usuels n'étaient travaillés que très sommairement.

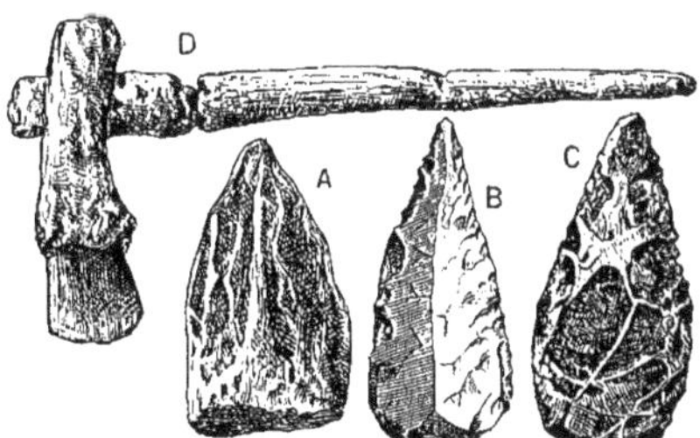

Fig. 213. — Objets de l'*âge de pierre :*
A, B, C, silex *taillés ;* D, hache en pierre *polie* emmanchée.

❀ *L'Homme Préhistorique a d'abord utilisé des* éclats naturels *de silex, puis il a brisé des pierres pour obtenir des éclats plus nombreux; enfin il a été amené à perfectionner la* taille, *même à faire des petits chefs-d'œuvre qui ne sont plus des outils, mais des objets de* luxe, *car les outils devaient être trop souvent renouvelés.*

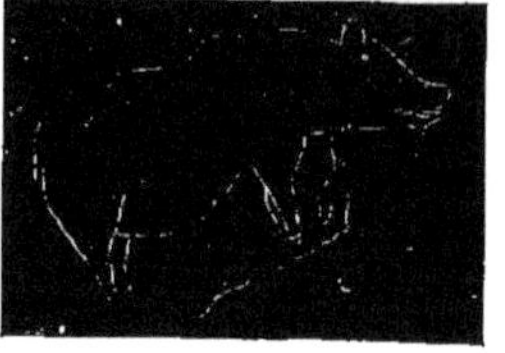

Fig. 214. — Ours *gravé* sur schiste.

Fig. 215. — Mammouth *gravé* de la grotte de Combarelles.

119. Art préhistorique. — Pour se faire une idée de ce que fut l'*art préhistorique,* il suffit de considérer ce que font, dans cet ordre d'idées, les peuplades inférieures actuelles : le résultat de l'effort est analogue; ce sont des représentations gravées ou bien des figurines naïves et grossières. Les objets que nous possédons sont en os, bois de renne, ivoire ou schiste (*fig.* 214); les sujets représentés sont généralement des animaux; l'homme Néolithique traçait tout naturellement les formes qui lui étaient familières. Il existe dans les collections plusieurs mammouths; le mammouth gravé sur ivoire, trouvé à La Madeleine (Dordogne), a été représenté par un artiste habile et qui connaissait bien l'animal. L'ours des cavernes et le renne ont été recueillis en plusieurs endroits; le *renne*

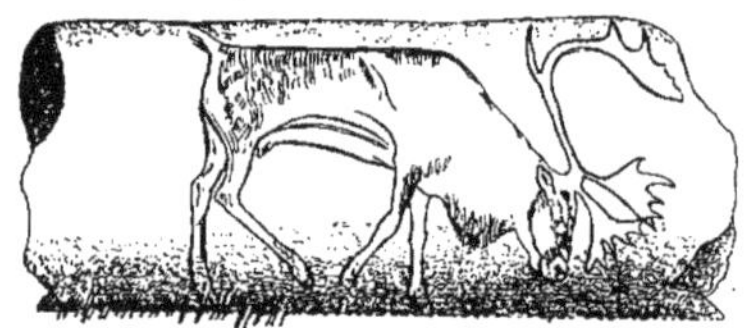

Fig. 216. — Renne broutant, *gravé* sur un bois de renne.

broutant trouvé à Thayngen (Suisse) est exceptionnellement remarquable (*fig.* 216); c'est probablement l'œuvre préhistorique la plus réellement artistique.

Des *gravures* et des *peintures* de dimensions considérables ont été découvertes et photographiées dans des grottes qui furent habitées par l'homme. Là encore on reconnaît les grands mammifères disparus et contemporains de l'homme Paléolithique. Les grottes de la Dordogne sont particulièrement riches : l'une d'elles, celle des Combarelles, forme un boyau de 234 mètres de profondeur; on y a compté une quarantaine de chevaux, 2 bisons, 14 mammouths (*fig.* 215), 1 renne, etc.; toutes ces figures sont gravées. Dans la grotte de Font-de-Gaume, elles sont peintes de rouge et de noir, à l'aide d'oxydes de fer et de manganèse.

❀ *L'homme préhistorique* gravait *sur os, bois de renne, ivoire ou schiste, les formes animales qui lui étaient familières : mammouth, cheval, renne. Il ornait aussi de* gravures *et de* peintures *les parois des grottes qu'il habitait.*

120. Mégalithes. — L'homme Néolithique a encore laissé des monuments; ce sont les *mégalithes,* si nombreux en certains pays, notamment en Bretagne. Ces monuments appartiennent à deux groupes : les *menhirs* et les *dolmens.* Le menhir ou *peulven* (*fig.* 218) est dressé verticalement; il en existe un dont la longueur atteint 20 mètres. Les *alignements* (*fig.* 217) sont des rangées de menhirs comme on en peut voir à Carnac (Morbihan). Le *dolmen* (*fig.* 219) représente une table de pierre plus ou moins énorme; le bloc principal, de forme aplatie, est placé horizontalement sur trois ou quatre blocs debout. L'*allée couverte* représente en quelque sorte une série de dolmens; c'est une succession de grandes pierres horizontales soutenues par un nombre plus

Fig. 217. — Vue générale des alignements de *Menhirs* de Carnac (Morbihan).

ou moins grand de blocs debout. Parmi ces différents monuments, il en est qui sont formés de pierres énormes, dont la composition n'est pas celle de la roche du pays et qui ont été apportées de très loin. On se demande à l'aide de quels moyens l'homme préhistorique a pu amener de tels blocs là où ils sont, comment il a pu les empiler ou les dresser. En outre, certains dolmens portent des signes gravés dans la pierre; ces signes se suivent parfois très nombreux, mais la science ne les déchiffrera jamais. On suppose que les dolmens représentent des monuments funéraires et que les menhirs avaient un caractère commémoratif.

✿ *L'homme Néolithique a laissé des monuments grossiers ou* mégalithes, *nombreux en Bretagne. Ce sont les* menhirs *ou pierres debout, peut-être commémoratifs, et les* dolmens *ou tables de pierre, sans doute funéraires.*

Fig. 218. — *Menhir* de Glomel (Côtes-du-Nord).

121. **Habitations.** — L'homme paléolithique habitait des *grottes* naturelles ou bien des *abris sous roches*. Dans les grottes, on retrouve les traces de sa présence : des silex, des ossements de renne, puis des vestiges de foyers, et parfois le matériel des artistes, burins et ocres, qui leur servaient pour la décoration de leur demeure. L'homme Néolithique construisait des *huttes* sommaires dont on retrouve les planchers et, là aussi, des traces de foyers. Les colonies humaines les plus curieuses de cette époque étaient construites sur pilotis, dans des eaux peu profondes; on en a observé dans plusieurs lacs de Suisse, lorsque leurs eaux étaient assez basses pour en découvrir les vestiges. Il existait ainsi des groupes importants de ces huttes ou *palafittes*, formant des cités lacustres, dans les eaux des lacs de Neuchâtel et de Zurich ; celles qui existent actuellement en Extrême-Orient

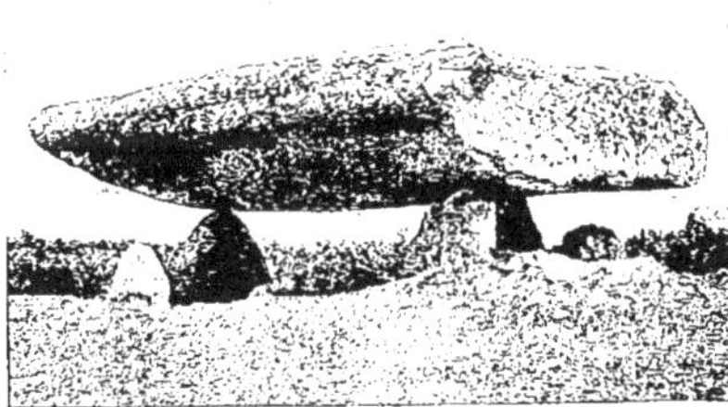

Fig. 219. — *Dolmen* dit « Table des Marchands », à Locmariaker (Morbihan).

Phot. de M. Aug. Robin.

Fig. 220. — Une des habitations de la *station souterraine* de Saint-Leu-d'Esserent (Oise).

en donnent une idée (*fig.* 211). L'homme voulait-il, par ce moyen, s'abriter contre certains dangers? Quels étaient ses ennemis? Grands carnassiers ou individus de son espèce avides de pillage? Les uns et les autres sans doute.

L'homme Paléolithique n'est pas le seul à avoir habité des grottes. Ce genre d'abri est encore très répandu de nos jours, même dans les pays les plus civilisés; les colonies souterraines sont très nombreuses en France. Partout où une population pauvre s'est trouvée en contact avec un sol de résistance faible et de cohésion suffisante, elle a évité la construction d'édifices en se creusant des retraites dans la masse d'un escarpement. Ces colonies s'observent communément dans la craie blanche de la vallée de la Seine, dans les sables glauconifères du Soissonnais, dans la craie tuffeau de la Touraine, etc.; aux environs de Paris, une des plus importantes est celle de Saint-Leu-d'Esserent, *fig.* 220 (Oise).

❀ *L'homme Paléolithique se réfugiait dans des* abris sous roche *ou dans des* grottes. *L'homme Néolithique habitait des* huttes; *il en construisait parfois sur pilotis, dans les eaux de certains lacs, formant ainsi des villages ou* cités lacustres.

122. Age du bronze. — La substitution du métal à la pierre, dans l'outillage et l'armement de l'homme, est encore un mystère. Les préhistoriens et les archéologues n'ont pas encore trouvé le passage de l'industrie primitive à celle du *bronze*. Cependant, la fabrication et l'emploi de ce métal précédèrent probablement l'apparition du fer. Les anciens considéraient ce dernier comme un métal maudit; le bronze au contraire était sacré, et sa fabrication fut longtemps l'apanage d'associations religieuses semi-industrielles, semi-militaires.

On suppose que le bronze est apparu en

Fig. 221. — Race *blanche* (Arabe).

Fig. 222. — Race *jaune* (Chinois).

Fig. 223. — Race *noire* (Soudanais).

Asie, et qu'il fut ensuite apporté en Europe. Il y fut très longtemps utilisé seul, car le nombre des objets qu'il servit à fabriquer est très grand. Dans les cités lacustres de Suisse, on a recueilli des haches, mors de cheval, rasoirs, épingles, bijoux, figurines et poteries diverses.

L'origine du bronze est d'autant plus difficile à fixer qu'elle s'est manifestée, selon les pays, à des dates très différentes, très éloignées les unes des autres, ce qui s'explique par l'absence de communications à cette époque. Il en est de même du *fer* qui, à mesure qu'il était adopté, provoquait le développement de la fabrication des armes. Avec ce métal très répandu et facile à obtenir, les peuples allaient pouvoir s'entre-détruire : la période historique et la civilisation commençaient.

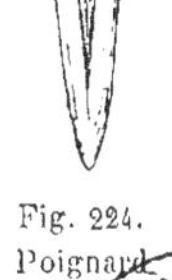

Fig. 224. Poignard en bronze.

❀ *L'usage du* bronze, *probablement venu d'Asie, a peu à peu remplacé l'industrie de la pierre en Europe; on en a fabriqué de nombreux objets. Plus tard* le fer *a provoqué un essor considérable dans la fabrication des armes.*

123. Races humaines. — L'humanité qui recouvre actuellement la terre entière peut être divisée en quatre *races* qui sont les races blanche, jaune, noire et rouge. Les types de ces races ne sont pas seulement reconnaissables à la couleur de leur peau, car les Hindous sont presque noirs quoique de race blanche, et certains nègres sont à peu près jaunes; il existe donc d'autres caractères. La *race Blanche* (*fig.* 221) présente ordinairement le teint clair, les yeux fendus horizontalement, la barbe fournie et les cheveux lisses; elle habite l'Europe entière, le nord de l'Afrique (Arabes et Berbères) et le sud-ouest de l'Asie (Persans et Hindous). La *race Jaune* (*fig.* 222) a le teint jaunâtre ou verdâtre, les yeux bridés et étroits avec apparence oblique, la barbe peu fournie et les cheveux gros et raides; elle occupe l'Asie presque entière et la Malaisie. Chez la *race Noire* (*fig.* 223), le teint varie du brun clair au noir, la barbe est rare et les cheveux très crépus; le nez est remarquablement écrasé, la bouche est grande et marquée de grosses lèvres. Les nègres habitent l'Afrique presque entière et une grande partie de l'Océanie. La *race Rouge*, autrefois puissante et guerrière, est à peu près exterminée par la race blanche dans l'Amérique du Nord. Cette race habite aussi l'Amérique du Sud, où elle doit son existence à sa plus grande docilité. Nous n'avons cité ici que les pays d'origine des différentes races : on pourrait ajouter que les jaunes sont nombreux à Madagascar et en Afrique du Sud, et que les nègres le sont plus encore en Amérique du Nord et aux Antilles ; c'est qu'ils y ont été importés par les blancs et s'y sont rapidement multipliés.

❀ *La race* Blanche *habite l'Europe entière, le nord de l'Afrique et le sud-ouest de l'Asie ; la race* Jaune, *l'Asie et la Malaisie ; la race* Noire, *l'Afrique et l'Océanie ; et la race* Rouge, *les deux Amériques.*

124. Conclusions. — En terminant, nous devons dégager des leçons précédentes deux conclusions essentielles : l'immense *durée* des temps géologiques et la parfaite *continuité* des phénomènes qui se sont produits à travers les âges. La durée des temps ne peut être évaluée, elle échappe complètement aux calculs des savants : tout ce que l'on peut supposer actuellement, c'est l'âge très approximatif de l'humanité ; on pense que la vérité est voisine de 200 000 ans. Or ce temps qui, au premier abord, nous paraît si considérable, ne compte pour ainsi dire pas en géologie. Perdus dans l'effrayante masse des terrains, les dépôts quaternaires sembleraient insignifiants, et, s'ils ont quelque valeur pour nous, c'est qu'ils nous touchent de plus près que les autres formations, c'est que nous les voyons se former sous nos yeux.

Quant à la continuité des phénomènes, elle imprime à l'histoire de la Terre un caractère de grandeur que l'on ne peut envisager sans un réel sentiment d'admiration. Sans arrêts, sans perturbations, l'évolution des êtres s'y est poursuivie à travers les temps. Débutant au fond des mers primaires sous forme de cellules microscopiques, la vie organique aboutit à la fin des temps tertiaires aux mammifères les plus perfectionnés, à l'Homme. Sans cataclysmes, les dépôts sédimentaires se sont lentement édifiés sur une épaisseur de plusieurs milliers de mètres, renfermant comme un véritable livre toute l'histoire du monde. Ne suffit-il pas, en effet, d'en feuilleter les couches pour lire cette histoire écrite de bas en haut par les fossiles? Enfin, n'oublions pas que le soulèvement des montagnes s'est accompli insensiblement, sans chocs, et si lentement qu'aucun être vivant n'a pu s'apercevoir que des régions, basses dans le passé, s'élevaient à des altitudes vertigineuses et se couvraient de glace.

❀ *Les conclusions essentielles qui se dégagent de l'étude de la* géologie *sont l'immense* durée *des temps et la parfaite* continuité *des phénomènes naturels. Parmi ces derniers, il faut remarquer d'abord la merveilleuse* évolution *des êtres.*

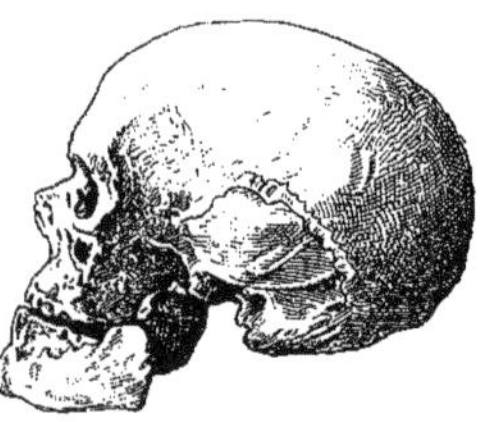

Fig. 225. — *Crâne humain* de la race préhistorique de Cro-Magnon.

INDEX ALPHABÉTIQUE ET ÉTYMOLOGIQUE

DES TERMES SCIENTIFIQUES ET NOMS CITÉS DANS LE VOLUME

Tous les chiffres renvoient aux *paragraphes;* les chiffres en caractères gras (**27**) indiquent les paragraphes où les termes géologiques sont *définis.*

D

TABLE DES MATIÈRES

PLANCHES EN COULEURS

Paris. — Imp. LAROUSSE, 17, rue Montparnasse.

JE SÈME À TOUT VENT

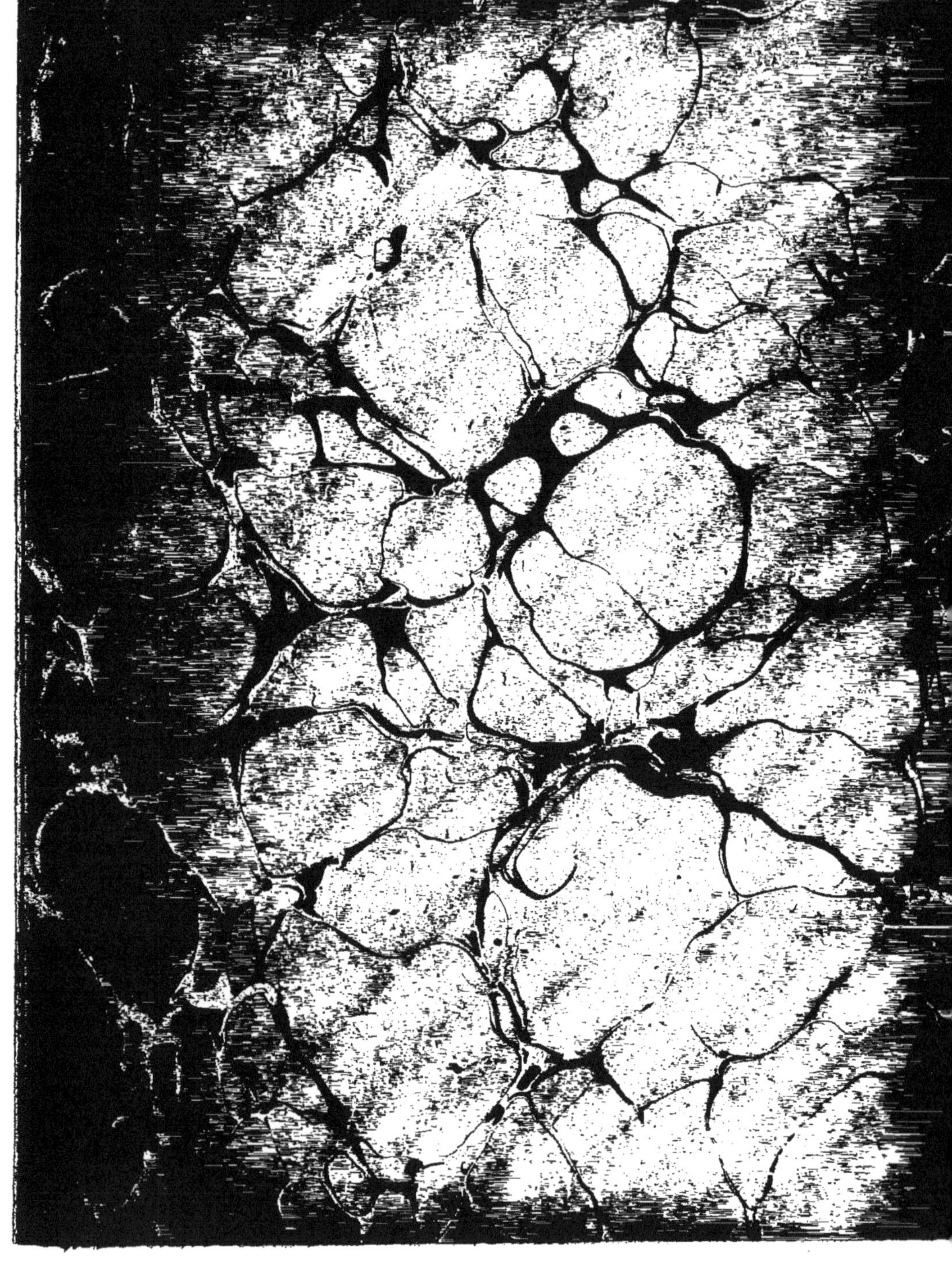

www.ingramcontent.com/pod-product-compliance
Ingram Content Group UK Ltd.
Pitfield, Milton Keynes, MK11 3LW, UK
UKHW021906260726
13966UKWH00006B/1049

9 782011 739100